がわかる

渡部潤一

Watanabe Junichi

小学館
101
新書

目次

イラスト――大塚いちお
扉・目次・オビデザイン――堀渕伸治

はじめに

身近な言葉に潜む宇宙

私は、いろいろなところで天文に関する話をする機会があります。そこで、「宇宙が好きだ」という方に数多く出会います。ところが、ほとんどの方が、漠然とした興味や美しさに惹《ひ》かれているけれども、その手の本を読むことがほとんどないといいます。宇宙に関する本はたくさん出ているのですが、なんだか難しすぎて、手にとるのを躊躇《ちゅうちょ》してしまう、というのです。

もちろん、最先端の天文学を紹介する本なら、そんなこともあるでしょうが、星空散歩のような本も結構あるので、理科系という看板に恐れをなしている食わず嫌いの人が多いのではないか、と思っていました。

そんな時です。

宇宙に関する話題を小学館の月刊誌である『本の窓』で連載してみないか、とお誘いをいただいたのです。

つらつらと考えてみるに、この種の月刊誌は小説やエッセイなどに興味がある、主に文系の方々向きのものです。

その意味では、宇宙の魅力を「食わず嫌い」の人たちに紹介するには絶好の場所ではないか、と考え、お引き受けすることにしました。

その内容についても、かなり熟考しました。

天文学者のエッセイは、いきおい天文学の最前線とか、宇宙の最新研究成果とかという話になりがちですが、決してそうすまいと思いました。

そして、読者が興味を持つであろう宇宙に関する「言葉」からはいってみてはどうか、と思ったのです。

もともと「宇宙」という言葉は、森羅万象を含んでいるという意味で、「言葉の宇宙」とか「文学の宇宙」など、まことに便利に用いられます。

さらにいえば、宇宙の中に実在する天体や現象が、社会現象や生活に密着して使われていることもあります。たとえば「金融ビッグバン」とか、「新星のごとく登場した選手」など、すでに定着した用語になっているものも多いのです。

暦や、曜日そして時間の刻み方も、もともとは宇宙との密接な関係からつくられたシステムです。

こういった身近に使われる言葉の中に潜む宇宙を探し、それを「宇宙の言《こと》の葉《は》」と題して、連載して紹介してきました。その連載が幸いにも好評を得たので、本書は、それらを元に書き直して新書としました。これまで宇宙や天文の本を手にとったことがないような方々に、ぜひ読んでいただきたいと思っています。

言の葉 一

月

時を刻む天体

以前、知り合いの作家の方から、月のことがよくわからないので教えてほしい、といわれたことがありました。歴史小説を書く必要上、旧暦、つまり月に準拠した暦について知りたいとのことでした。三日月や満月が、どちらの方向に見えるかという基本的なことにも、ご自身の知識に不安があるということでした。そこでさっそく、ホテルのラウンジで、レポート用紙に図を書きながら、月の満ち欠けの様子や見える方角等について、レクチャーさせていただきました。

私としては、光栄なことではありましたが、一方で、忙しい現代社会では、月さえも身近でなくなっているのかと思うと、いささか寂しさもこみ上げてくる出来事でした。ということで、いまさらと思うかもしれませんが、身近でありながら意外に知られていない「月」を紹介しましょう。まずは読者の皆さんに、文理融合の代表のような問題を出すことからはじめましょう。

「菜の花や　月は東に　日は西に」　与謝蕪村

さて、この有名な句に詠み込まれた月の形は、①三日月、②半月、③満月のどれか、すぐに思い浮かべられるでしょうか。とりあえず答えは、最後にしておきましょう。

月の満ち欠け

夜空に浮かぶ月は、人類が最初に注目した天体といってよいでしょう。注目された第一の理由は、その明るさです。月は太陽をのぞけば夜空で最も明るい天体なのです。人工灯火のない時代には、闇を照らす照明としての役目もありました。

第二の理由は、肉眼でその大きさがわかる点にあります。見かけの大きさや星と星の見かけの距離を表す単位として、角度が使われますが、その角度でいうところの月の直径（視直径という）は三十分角、つまり一度の半分です。目のいい人が見分けられる見かけの大きさは一分角といわれているので、月は、その三十倍もあります。

そして第三の理由が、夜ごと、その位置を移動するとともに、姿・形を変えることでしょう。太陽は自ら輝いているため、その形は円形のまま変わりませんが、月はどんどんその形が変わっていきます。月は太陽の光を受けており、その光を受ける部分は、太陽、地球、月の位置関係によって変わります。これが「月の満ち欠け」と呼ばれる現象です。そして、その満ち欠けは繰り返されるという特徴を持っています。

まずは日没直後の西の地平線に細い月が現れます。その後日を追うごとに現れる位置

日没直後の見え方

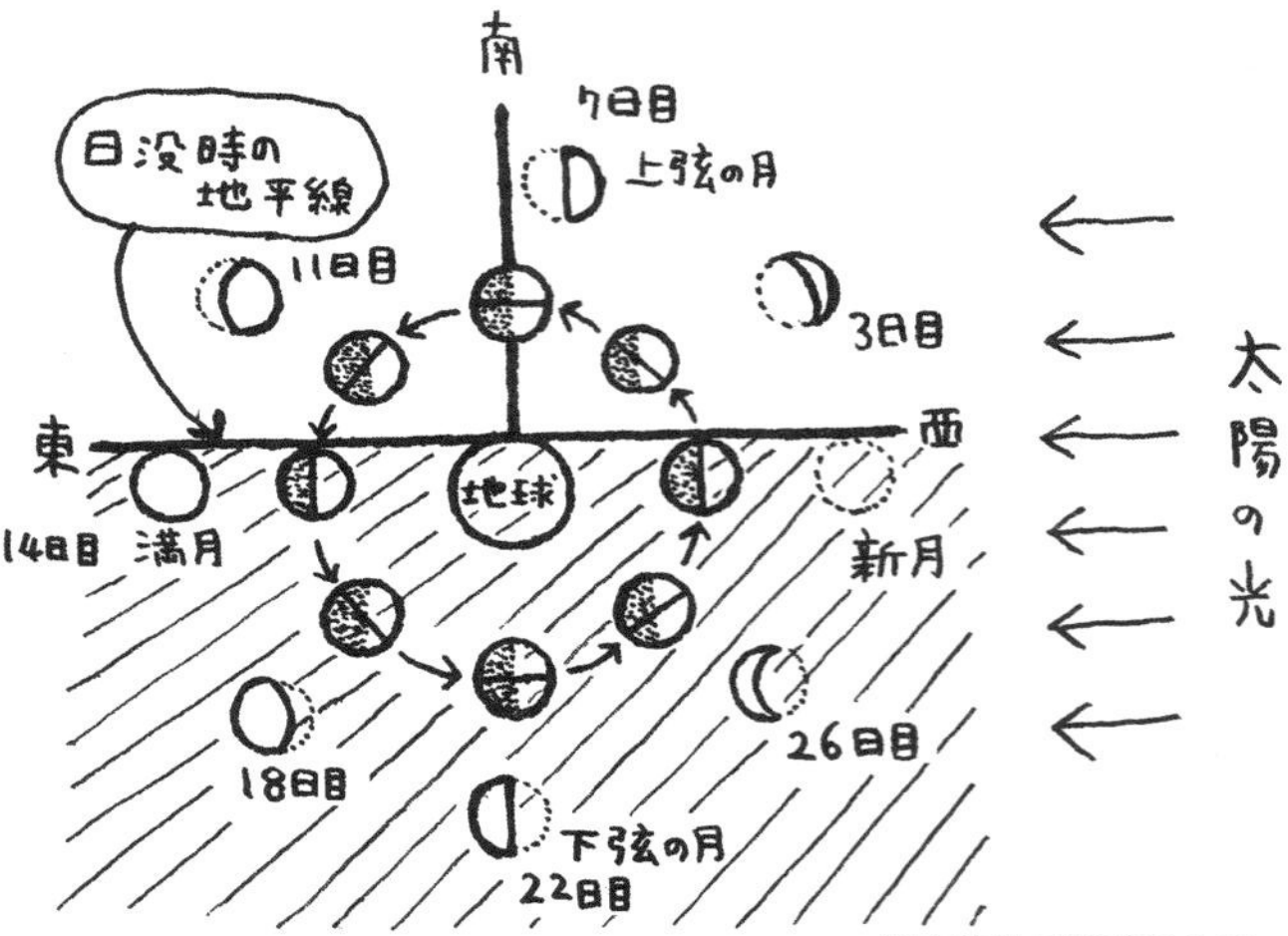

※方位は日没時のもの

を次第に東に移しながら、細い月は三日月を経て、少しずつ太っていきます。約一週間で、半月が日没直後の南の空に輝きます。その後も太り続けて、約二週間で、日没とともに東から現れるほぼ丸い形の満月となります。

満月を過ぎると、今度は逆側から欠けはじめます。月の出の時間は、どんどん遅れていき、約三週間後になると、深夜にならないと昇ってこなくなります。ちょうど夜半に昇る月は、最初の半月と全く逆の形の半月となります。その後、次第にやせ細っていき、明け方の東の地平線に近づくと、かなり細く、いわゆる逆三日月形となって、やがて新月となって見えなくなってしまいます。

この一連の満ち欠けの周期は、平均して約二十九・五日です。夜ごとに月が東へ移動するのは、月が衛星として、地球の周りをまわっている（公転している）ためです。それにともなって、地球から見た時の、太陽の光を浴びている月の面（昼面）の見え方が変化していくことで、満ち欠けが起きます。実は、ここまでは義務教育で習うことになっています。


この月の満ち欠けの繰り返しは、私たちが時間を刻む暦に利用する上で実に好都合です。時計もカレンダーもない時代を考えてみてください。規則的な動きとともに、誰が見てもわかる形の変化を示す月を、「時を刻む」目安にすることは、自然な成り行きであることが想像できるでしょう。

ということで、太陽が昇っては沈むというサイクル（＝一日）と、太陽が天球（地球から見える星空を球面に見立てたもの）を一周する季節のサイクル（＝一年）との中間の時間単位、つまり暦の単位として、月の満ち欠けのサイクル＝「一月」ができたのです。日本語での「月」は、天体としての月を示すと同時に、暦の単位を示す漢字でもあります。英語では前者がmoon、後者がmonthとなっていて、一見違った単語に見えますが、もとは同じです。満ち欠けを繰り返す周期性を持つ天体としての「月」が、暦の「月」を生むことになったわけです。

月と暦

こうして、月に準拠する暦、太陰暦が編み出されました。太陰暦では、日付が月の満ち欠けと一致することになります。月が太陽とほぼ重なって見えなくなる日を一日として、月のはじめとします。一日は「ついたち」と読みますが、これは「つきが立つ」という意味を含んでいます。

また、この日から新しく月が生まれるので、一日の見えない月を「新月」とも呼びます。三日目に夕空に見える細い月は、三日目の月なので「三日月」。七日目前後には、半月となりますが、弓を張った弦に見立てて「弦月《げんげつ》」とも呼びます。月の上旬に現れるので、「上旬の弦月＝上弦」です。

ちなみに、弦を上にして沈むために上弦と呼ぶと思いこんでいる人が多いのですが、これは間違いです。月の半ば、十五日頃には「満月」となります。満月を「十五夜お月様」と呼ぶのも、このためです。細くなって二十一日から二十二日頃に現れる弦月《げんげつ》が、「下旬の弦月＝下弦」です。

そして、東の地平線に月が近づきほとんど見えなくなる、暦上、月の最後の日を「晦《つごもり》」と呼びます。これは「つきがこもる」という意味です。たまたま満ち欠けの周期が、偶然にも約二十九・五日であるため、日数が二十九日の月と、三十日の月とを交互に繰り返すことによって、満ち欠けと日付とをほぼ一致させ続けることができます。これが大の月（三十日の月）、小の月（二十九日の月）の起源です。

ところが、月を基準とした太陰暦だけでは、いささか不便なことが起こります。それは季節の周期と、「年」との関係です。年は、地球が太陽の周りをまわる公転周期であり、月の公転周期とはなんの関係もありません。

そのため、月を十二回繰り返して、一年にしようとすると（二十九・五×十二）、その日数は三百五十四日にしかなりません。したがって、太陰暦のままでは一年ごとに季節が約十一日ずつずれていってしまいます。これでは、季節を示す暦としては、機能しなくなります。

さて、ここからは世界各地で扱い方が違っていきました。ほとんど季節がないような砂漠地方では、それでも構わず、むしろ誰にでもわかる月の形を基準としたほうが、何かと便利なこともあったのでしょう。そのため、砂漠地方で発達したイスラム文化では、純粋な太陰暦をそのまま使い続け、いわゆるイスラム暦（ヒジュラ暦）となって現在に至っています。

しかし、季節変化が大きく、農耕を中心とした地域では、季節変化と無関係な暦のままでは不便です。そこで、月を基準としつつも、太陽の動き、すなわち季節がずれないように配慮する補正を施す暦として、太陰太陽暦が生み出されます。

簡単にいえば、適当な間隔で「閏月《うるう》」を入れることで、ずれを補正するものです。ずれがたまってきたら、例えば八月の後に「閏八月」を挿入し、その年は一年を十三か月としました。この閏月の入れ方は複雑ですが、基本的には、十九年に七回入れることになっています（どうして十九年に七回なのかというと十九年×十一日＝二百九日となり、これがちょうど七か月分に相当するからです。算数の得意な人は考えてみるとよいでしょう)。

もともとの閏年とは、この閏月が挿入され、一年が十三か月の年のことを呼んでいました。日本では、長らく中国から輸入した太陰太陽暦を採用していましたが、明治五年の改暦によって、月とは全く無関係な太陽暦を採用しました。これによって、日付は月とは無関係になってしまったのです。

月のお祭り

ちなみに、中秋の名月は旧暦八月十五日の、ほぼ満月である月を指します。二〇一二年は九月三十日でしたが、中秋にはお月見をするように、日本人はどちらかというと月に親しんできた民族といえるでしょう。欧米では、狼男に代表されるように、月の光にいいイメージはありません。英語でlunaticといえば気がおかしくなっているという意味があります。

一方、日本では『竹取物語』にあるように、月は、超人の住む理想の世界として、あるいは信仰や風流の対象とすることのほうが多くありました。中秋の名月のお月見は、もともとは中国が発祥です。平安貴族は、観月の宴として十五夜の時には雅楽の演奏や舞を催すなど、お月見は次第にイベント化し、民間にも広まっていきました。

日本でのお供えものは、ススキの穂にお団子といった組み合わせが全国的に多いのですが、中国では月餅《げっぺい》を供え、サトイモを食べます。その意味では収穫祭的な側面が強く、お団子は必ず新米を使うという地方もあります。中秋の名月は、お供えものをいただくということもあって、子どもたちにはかなり楽しみな行事となっていたのではないでしょうか。

ところで、中秋から約一か月後の満月少し前、旧暦九月十三日に行われる「十三夜」のお月見という行事があります。

この十三夜の発祥には諸説ありますが、少なくとも私の知る限りはほかの国には見あたりません。収穫物の季節から、十三夜のほうは「栗《くり》名月」あるいは「後《のち》の月」といい、中秋の名月のほうは対比して「芋《いも》名月」ともいいます。

同じ日本のお月見行事でも、現代になって完全に廃《すた》れたものもあります。「月待ち」

行事と呼ばれるものです。もともとは満月を過ぎて、深夜に東から昇ってくる月の出を眺め、その祭神に祈るという民間信仰でした。

特に二十三夜、二十六夜などが人気があり、東京・多摩地区でも、あちこちに「二十三夜塔」が残っています。

山梨県の旧・秋山村（現・上野原市）や都留《つる》市には二十六夜山《にじゅうろくやさん》という山があり、このあたりでも月待ち信仰が盛んだったことをうかがわせます。特に、二十六夜では、月の出の時に阿弥陀《あみだ》仏・観音・勢至《せいし》の三尊が姿を現すとされました。細身の月なので、地平線が水平ならば、月の出の際、まず両先端が現れ、続いて本体が姿を見せます。これを三光と称して、弥陀三尊と見ていたのか、月の中の模様（太陽の光があたっていない部分の模様が、地球からの照り返しを受けてほのかに光って見える地球照と呼ばれる現象）に三尊が見えたのか、定かではありません。

江戸時代は、この月待ち行事が、道教に由来する「庚申《こうしん》待ち」（庚申の夜に三尸《さんし》〈腹の中に棲むという三匹の虫〉が人体をぬけ出し、人の罪過を天帝に告げるのを、徹夜して阻止しようとするもの）と一緒になって、月の出を寝ないで待つようになりました。

次第に宗教色が薄れ、その晩は月の出までオールナイトで飲めや歌えの宴会の夜となっていきます。

高輪・品川などの海辺で宴を催す江戸の人の姿が、浮世絵などに残されています。宴会色が強くなった月待ちは、当時の文化人からは忌《い》み嫌われていましたが、楽しみの少ない当時の人々の息抜きだったのかもしれません。


また、日本は月の別名が多いのも特徴です。

欧米でも地平線に近い赤色の月を「ストロベリー・ムーン」と呼んだりしますが、月齢ごとに別名があるのは日本とポリネシアくらいでしょう。例えば、十五夜への期待をふくらませる、前夜の月を「小望月《こもちづき》」、悪天候で十五夜が見えない時でさえ、「雨月《うげつ》」とか「無月《むげつ》」と呼びます。見えなくても名前をつけるところはすごいと思います。

十五夜の翌日の十六夜は「いざよい」と読みます。

いざよう、というのは古語でためらうという意味です。月齢が進めば進むほど、月の出は遅くなるので、十六夜の月は十五夜に比べて、小一時間ほど遅く昇ってきます。その遅い月の出の様子が、月を待っている貴族たちには、まるでためらいながら昇ってくるように思えたのでしょう。

さらに翌日の十七夜の月を立待月《たちまちづき》、十八夜は居待月《いまちづき》、十九夜は寝待月《ねまちづき》、あるいは臥待《ふしまち》月《づき》ともいいます。

それぞれ、月の出を待つ貴族たちの様子を表したもので、十七夜くらいなら、立っていても待っていられますが、十八夜だと月見台に座って、十九夜だと寝ころんで待っていたのでしょう。ちなみに、二十夜を更待月《ふけまちづき》と呼びます。夜が更けるのを待って昇る月という意味があります。

それにしても、昔の人が、いかにお月見が好きで、月の出を待ちこがれていたかがわかる名前です。

これ以外にも、田ごとの月とか、朧月《おぼろづき》とか、寒月《かんげつ》とか、水月《すいげつ》、湖月《こげつ》など、枚挙にいとまがありません。伊集院静さんの直木賞受賞作である『受け月』や、闇歩きガイドと名乗る作家の中野純さんが、都会のビルの隙間から見える様子を命名した「隙間月」など、新しい名前も生み出され続けています。

また、月に関することわざや商品、お酒も多く、月を詠んだ短歌や俳句も少なくありません。日本人はいかに月を愛《め》でてきたかという証拠なのでしょう。読者の皆さんも、古来、先人たちが眺めてきた月を、じっくりと見上げてみてはいかがでしょうか。

(冒頭の俳句の問題の答えは、③満月です。十四ページの図をご参照ください)

言の葉 二

七夕

十五光年の遠距離恋愛

「七夕」。おそらく日本人であれば、誰もが知っている、夏の星にまつわる行事です。いまでも、七月七日になると、短冊に願い事を書いて、笹竹に飾る行事が広く行われています。

地方によっては、独特の七夕の風習があります。山梨から長野の一部では、七夕人形を飾るという習わしがありますし、北海道では「ローソクもらい」といって、子どもたちが夕暮れ時から夜にかけて、歌を歌いながら家々をまわるハロウィーンのような風習もあります。

七夕の時には、家族や友達と一緒に夜空を眺める人は多いと思います。毎年、七夕の頃には、国立天文台にも、七夕の星が何時頃、どこに見えるのか、という問い合わせが多くなります。それだけ七夕伝説は、数ある星の神話伝説でも、広く知られているということなのです。日本では星座の原型になっているギリシア神話よりも広く浸透しているといえるでしょう。

まずは、その説話を復習しましょう。

七夕の主役は織り姫星と彦星。西洋名は、こと座のベガとわし座のアルタイルという一等星です。どちらも明るく、都会でも時間と方向さえ間違えなければ、簡単に見つけることができます。もちろん、周囲が暗いところでは、ふたつの星を分かつように天の川が流れているのがわかるはずですが、いまの日本では光害のために、そのような天の川を眺められるのはごく一部の地域だけです。

彦星は、またの名を牽牛星《けんぎゅうせい》といいます。その名の通り、天の川のほとりで、牛を飼いながら暮らしているまじめな青年でした。そのまじめさが天帝の目にとまり、天帝は、自分の一人娘である織り姫の婿にと、引き会わせました。天帝の思い通り、ふたりはたちまち恋に落ちました。

ところが、その後がいけません。恋に溺れて、どちらも仕事をしなくなってしまったのです。牽牛の飼っていた牛は死にかけ、織り姫が生地を織ってつくっていた神々の服装は、次第にぼろぼろになっていきました。怒った天帝は、ふたりが会うことができないよう、天の川の両岸に離ればなれにしてしまいました。そのために織り姫星は天の川の西岸に、彦星は東岸に輝いているというわけです。織り姫は別れた彦星が忘れられず、泣いてばかりの毎日。かわいそうに思った天帝は、これからふたりともまじめに働くという条件で、年に一度、七夕の夜にだけ会うことを許しました。

その後、まじめになったふたりのため、七夕の夜になると、どこからともなくかささぎが飛んできて、天の川に橋を架けるようになりました。これが一年に一度の逢瀬、七夕伝説の基本形です。まさに宇宙の遠距離恋愛物語。

ただ、七夕の夜に雨が降ると天の川も増水するので、織り姫は渡ることができず、デートできなくなってしまいます。この日に降る雨は、織り姫と彦星が流す涙ともいわれています。日本では、織り姫と彦星がデート（逢い引き）をするということで、七夕を「星合《ほしあい》」とも呼びます。なんと素敵な言葉でしょう。


「さえのぼる月のひかりにことそひて　秋のいろなるほしあひのそら」　藤原定家

季節と七夕

現在の暦で七月七日の晩に、これらの星を実際に眺めるのは結構難しいことです。というのも、九州から東北までの平年の梅雨明けは七月中旬。七月七日の夜には日本の大部分の地域で梅雨が明けていないからです。

一方、江戸時代は晴れの日が多かったようです。太陰太陽暦、いわゆる旧暦での七月七日は、現在の暦ではおよそ八月上旬から下旬頃に相当するからです。七夕や星合という言葉が、秋の季語であるのも、そのことを示しています。

昔の七夕の夜には、すでに梅雨明けしており、星を眺めながらの夕涼みには絶好だったのです。旧暦は明治五（一八七二）年に廃止され、日本では公式の旧暦というのは存在しませんが、現在でも天候や夏休みの関係から、七夕の行事を民間が発行する旧暦を考慮した、いわゆる月遅れの行事として、八月七日前後に行う地域は多いようです。仙台の七夕まつりなどは、その代表例です。

国立天文台でも、このような理由から、本来の七夕を体験してもらうべく、二〇〇一年から、旧暦の七夕に相当する「伝統的七夕」の日を発表しています。といっても、公式な「旧暦」が存在しない以上、昔の決め方での七月七日にするわけにはいきません。そのため、旧暦七月七日に近い日として、「二十四節気の処暑《しょしょ》（太陽黄経が百五十度になる瞬間＝八月二十三日頃）を含む日か、それよりも前で、処暑に最も近い朔《さく》（新月）

伝統的七夕の日付一覧

- 2013年　8月　13日
- 2014年　8月　2日
- 2015年　8月　20日
- 2016年　8月　9日
- 2017年　8月　28日
- 2018年　8月　17日
- 2019年　8月　7日
- 2020年　8月　25日

の瞬間を含む日から数えて七日目」と定義しています。石垣島の「南の島の星まつり」などは、これに合わせて行われることが多いのです。

七夕では脇役に過ぎないものの、この星合に月が一役買っていることは知っておいてもいいでしょう。

先ほどの藤原定家の歌にもあるように、旧暦は月に準拠した暦なので、日付が月齢を表しています。旧暦七月七日には、南西の夜空に月齢七の、上弦（夕方に見える半月）よりもやや細身の月が輝いているのです。

その月は、天の川の西岸、つまり織り姫星側にあります。そして、次第に東へ移動し、少なくとも二日後には彦星のいる東岸へと動いていきます。この月の形は、舟の形とも解釈できますから、天の川の西岸に輝く織り姫星をのせて、天の川を渡る舟という見方もできます。七夕が旧暦七月七日に設定された本来の起源は、よくわかっていませんが、月を舟に見立てるのに都合のよい日であったことは確かでしょう。

さて、この七夕伝説、発祥の地は中国大陸にあります。この話がいかに大陸的であるか、ちょっと考えると気づくはずです。なんといっても日本の川は狭いからです。たとえ川の両岸に離れればなれにさせられても、ふたりが会うための物理的障害にはなりにくいのです。江戸時代の大井川のように、渡ることを制限されていた場合を除けば、日本の川は、渡るのにそれほどの障害はなかったはずです。

一方、中国の川は大きく広いのです。

特に下流ではほとんど湖のごとく対岸が遠く離れて霞《かす》んでいます。そんな大河を渡る苦労は半端ではありません。黄河《こうが》や揚子江《ようすこう》（長江）のような大河を持つ中国だからこそ、このような伝説が生まれたのでしょう。

この説話と、機《はた》織りなどの技術の上達を願う祭事が奈良時代に日本に伝わり、日本固有の機織りをする娘という意味の「棚機津女《たなはたつめ》」とが融合した結果、七夕と書いて、「たなばた」と読むようになったといわれています。江戸時代には庶民へ広まり、五つの節《せっ》供《く》のひとつとして定着しました。江戸市中に七夕飾りが林立する様子を描いた見事な絵も残されています。

宇宙のスケール感

天空の大河である天の川をはさんでの宇宙の遠距離恋愛は大変です。中途半端な距離ではないからです。天文学が明らかにした地球からふたつの星までの距離は、織り姫星が二十五光年、彦星が十七光年です。光年というのは光が進むスピードで測った距離で、一光年は光が一年かかる距離です。

つまり、これらの星からの光は、二十五年前、十七年前にそれぞれの星を発したことになります。いま二十五歳の人は、生まれた時の織り姫星の光と、八歳の時の彦星の光が地球に届き、それを同時に見ていることになるわけです。

さらに、ふたつの星の間の距離は約十五光年、すなわち光が十五年もかかって届く距離に相当します。これがどれほど遠いかは、なかなか想像しがたいため、実感できている人は少ないでしょう。十五光年を日常生活でなじみのある単位、キロメートルで表すと、約百四十三兆キロメートルに相当します。

新幹線で織り姫星から彦星へ休みなく走るとして所要時間を計算してみると、約五千万年。とてもではありませんが、一年に一度往復することは不可能です。光速という壁を現代物理学が超えることができない限り、現実には一年に一度往復するのは無理なのです。

宇宙の茫漠《ぼうばく》たるスケールの感覚を持ってもらうために、たとえ話をもうひとつしましょう。織り姫星の直径は太陽の約三倍なので、約四百万キロメートル。彦星はやや小さめで二百五十万キロメートルほどです。これらふたつの星の大きさを、それぞれ四十センチメートルと二十五センチメートルのボールとしてみましょう。すると、そのボールの間の距離は一万四千三百キロメートルとなります。これは地球の直径よりも大きい距離です。

いってみれば、織り姫星に相当する四十センチメートルのボールが日本付近に浮いているとすると、ちょうど地球の裏側、チリの沖合あたりに彦星に相当する二十五センチメートルのボールがあると思えばよいでしょう。その間の太平洋には、星に相当するボールはひとつもありません。いや、ボールどころか、何もないといっていいでしょう。いかに宇宙空間が広大で、寂寥《せきりょう》たる世界であるかが、少しは理解していただけたのではないでしょうか。

宇宙では、その空間だけでなく、時間も尺度が変わってきます。しばしば七夕の話を聞いて、「年にたった一回きりのデートなんてかわいそう」と、ついつい思いがちではないでしょうか。でも、考えてみると、そうでもないのです。織り姫星や彦星は、天文学的に見れば、太陽と同じ恒星《こうせい》です。恒星の寿命はとても長いのです。太陽は四十六億歳で、あと五十億年ほどは長生きすると考えられています。織り姫星も彦星も、太陽よりは寿命が短めですが、そうはいっても、どちらも数億年以上は生きるはずです。

わかりやすく一億年生きる星にとっての一年を、百歳まで生きる人間にたとえてみると、わずか約三十秒に相当します。つまり織り姫星と彦星の寿命からすると、一年に一度ずつ会っているというのは、人間にとってみると三十秒に一度デートしていることと同じなのです。これでは、いつも一緒にいるのと同じといえるのではないでしょうか……。

星の探し方

さて、ふたつの星の探し方です。どちらも都会でも見える明るい星ですが、どれが織り姫星、彦星なのかわからないという人も多いのです。実は、この時期もうひとつの一等星である、はくちょう座のデネブが、同じように輝いているために、混乱するためでしょう。

まず、東の空から先に昇ってくる最も明るい星が織り姫星、つまりこと座のベガであると覚えておきましょう。織り姫星は、ほぼ天頂まで上ってきます。織り姫星を追うように、やや遅れて上ってくるのがはくちょう座のデネブという一等星です。こちらは織り姫星に比べるとやや暗めです。そして、このふたつに比べて、もっと南寄りから上ってくるのが彦星、わし座のアルタイルです。

この三つの星を繋ぐ大きな三角形を「夏の大三角」と呼びます。アルタイルを頂点とする細長い三角形で、夏の夜空のランドマークとなっています。織り姫星が頭の真上にやってくるのは、意外と遅めで、七月上旬だと午後十時三十分から十一時、八月上旬頃には、午後八時三十分から九時頃となります。

このランドマークは、都心でも見ることができるので、ぜひ探してみるとよいでしょう。

言の葉 三

天の川

賢治も描いた星の川

「天の川　ふりさけみれば　はやぶさの　散りゆく姿　美しきかな」 筆者

二〇一〇年六月十三日、はやぶさ探査機の帰還のニュースは、皆さんもお聞きになったのではないでしょうか。

オーストラリア南部の砂漠地帯上空で、はやぶさ探査機本体は大気圏に再突入し、猛烈に光りながら分裂・四散し、巨大な流れ星として燃え尽きていきました。私も、この様子を観測すべく、オーストラリアに渡り、幸いにも、その最期を見届けることができました。

はやぶさ探査機の奇跡の帰還に関する物語は、あちこちで語り尽くされているので、ここでは詳しく紹介しませんが、この大気圏再突入の舞台は、その最期を演じるにふさわしい最高の舞台でした。素晴らしい晴天に恵まれ、ちょうど新月期にあたり、月明かりが全くないという、星を眺めるには絶好の条件でした。満天の星、まばゆいばかりの天の川。それを切り裂くように寸分違わずに、大気圏に突入してきたはやぶさ探査機が残した光跡は、あたりを一瞬、まるで昼間のように照らし出すクライマックスを演出し

天の川を横切るはやぶさの最期の姿　撮影／大西浩次

ました。そして、ものの見事に役目をはたして消えていったのです。

後には、まるで何事もなかったかのように、再び満天の星という舞台だけが残されていました。

それにしても、オーストラリアにおいて、新月の時期の星空の素晴らしさはたとえようがありません。満天の星はもちろん、車のボンネットにさえ映える天の川の輝きは、その明るさで影ができるほどです。少なくとも私は、この星空の、そして天の川の美しさを表現する適切な言葉を持ちません。

さて唐突ですが、ここで皆さんに、お聞きしたいことがあります。あなたは最近、天の川を眺めたことはありますか、と。すると、多くの皆さんが、そういえば最近はないなぁ、と思われるのではないでしょうか。あるいは、プラネタリウムで眺めただけで、実際の天の川は一度も見たことがない、という人も、若い人の中にはいるかもしれませんね。

天の川は、その知名度の割には見る機会に恵まれません。それもそのはず、オーストラリアの砂漠地帯のように、理想的な満天の星が見えるような場所でなくては、見ることができないからです。

都会はもちろん、ちょっとした郊外や住宅地であっても、屋外に設置された人工灯火によって、その光の帯はかき消されてしまいます。

昭和三十年代の半ば、高度成長がはじまる前には、私がつとめる国立天文台本部がある東京都三鷹市でも天の川は見えていたそうです。しかし、人工灯火が増え続け、その光によって星の光がかき消されるようになると、当然のごとく天の川も夜空から失われていきました。いまでは関東平野では、東京都心から少なくとも五十キロメートルは離れないと、天の川を見ることはかないません。

ただ、大都市からどんどん離れればいいかというと、そうでもないのです。一度、東京から西に向かって車を走らせ、天空輝度《てんくうきど》、つまり夜空の明るさを計測したことがあります。八王子を過ぎて、大月あたりまで来ると、やっと天の川がなんとか見えるような、暗い空になるのですが、さらに車を進めて、甲府盆地にはいると、再び天の川が見えなくなります。

いまや人口密集地で天の川を見ることはできないといってよいでしょう。その意味では、日本では大部分の人が、天の川を眺められるような場所には住んでいない、つまり努力しなければ眺めることはできなくなっているということです。天の川は、いってみれば「夜空の絶滅危惧種」なのです。

天の川絶滅の理由

絶滅しつつあるなぁ、と感じる体験はいくつかありました。いまから二十五年ほど前、サイパン島で星空案内のアルバイトをしていた時のこと。満天の星のもと、南十字星をはじめ、南国の星座の解説を一通り終えると、ある家族連れのお父さんが質問をしてきました。

「ここに白く見えているのは、雲ですか?」

サイパン島のその場所では、天の川は当たり前に見えているので、日本では見えない、南十字星などの南天の星たちを中心に紹介していたため、私は説明を省いてしまっていたのです。

それ以後、お客さんに目を暗闇に慣らしてもらった後、真っ先に「ここに白く雲のように見えるのが天の川です」と説明するようにしたら、「おおー」という感激の声が上がり、思いがけず好評であったことに驚くと同時に、なんとなく寂しい気持ちにもなりました。

もうひとつ。ある雑誌の編集者が、七夕の取材で天文台へいらっしゃった時のことです。ひとしきり説明を終えると、

「ところで、天の川はどうやって探せばいいのですか?」

と質問されました。実は、夜空の条件さえよければ、星空に星座を探すよりも天の川

を探すほうが簡単です。白く帯のように見えるからです。おかしなことを聞くなぁと思いながらも説明を続けると、さらに、

「例えば、月が見えている時、月からどうたどれば天の川に行き着くのでしょうか?」

と質問されたのには驚きました。

月は、夜空の中で毎日形を変えながら動いていくことや、明るい月が出ていると天の川はかき消されて、見えにくくなってしまうことなどを丁寧に説明しましたが、最後に、

「もしかして、天の川を見た経験がないのではありませんか?」と聞くと、その通りでした。編集者は取材して、文章化するのですから、もちろん体験があるに越したことはないですが、実際に天の川を眺めた経験がある人は、もはや少ないのかもしれないと、やはりなんとなく寂しくなりました。

天の川が絶滅しかかっているのは、ひとえに「光害」のせいです。あまり適切に配慮されていない屋外照明から上空に漏れ出す光が、上空の大気の塵《ちり》や水蒸気に反射して、夜空が明るくなり、かすかな星の光をかき消してしまっているのです。

国立天文台のある東京都三鷹市でも、いまではせいぜい北斗七星の形を結ぶのがやっとで、暗い星たちを結ぶと浮かび上がってくる、おおぐま座の全体像は見えません。さらにいえば、オーストラリアの夜空に輝いていた、かすかな夜空の風物詩である、黄道《こうどう》光《こう》や対日照《たいにちしょう》といった現象は、すでに「絶滅種」となっており、相当な天文ファンでも日本国内では眺めた経験は少ないでしょう。

しかし、そこまでではなくとも、サイパンで、あのお父さんが「雲」と思い込んだ天の川は、まだ「危惧種」です。見ることのできる場所は全国的に少なくなりつつはありますが、努力すればまだ大丈夫。人工灯火の少ない場所を探して眺めると、天の川に出会うことはできます。山に登ったり、海岸で眺めたりするのもよいでしょう。特に夏の、七~八月がお勧めです。休みがとりやすいとか、夜も過ごしやすいといった理由だけでなく、夏の天の川が、太く明るいという天文学的な理由があるからです。

天の川の姿

天の川は、天を分かつように帯状に細長く伸び、全天を一周しています。したがって、夏の夜空だけでなく、秋や冬にも天の川は流れています。ところが、秋や冬の天の川を眺めた人は、さらに少ないのではないでしょうか。

天の川の流れは一様ではありません。夏の天の川は、秋から冬の天の川よりも星の数が多く、明るく、太くなっているからです。そのために夏の天の川は、もっとも見やすいのです。

では、なぜ天の川に濃淡があるのでしょうか。その理由が解明されたのは二十世紀になってからでした。

もともと、古代の人々は天の川を神の国の川と考えていました。

西洋ではギリシア神話の女神ヘラの赤ん坊ヘルクレスが、強く吸い付いて飛び出した乳が流れたものとされ、「ミルキー・ウェイ」と呼ばれています。中国でも、天の川は「銀河」とか、「天漢《てんかん》」と呼ばれていました。

この天の川の正体を見破ったのが十七世紀初頭、イタリアの天文学者ガリレオ・ガリレイです。彼は、天の川に自作の天体望遠鏡を向け、それが目に見えない無数の星々の集まりであることを見いだしました。これ以後、天の川に対する認識は、大きく変わっていくことになります。

それは同時に、私たちがいったいどんな世界に住んでいるか、という世界観の変革でもありました。ガリレオの功績としては、天体観察による地動説の確立がまず取り上げられることが多いですが、私は天文学的には、この天の川の発見こそ、恒星の世界への概念変革の発端となったと考え、大事な功績のひとつと考えています（詳細は拙著『ガリレオがひらいた宇宙のとびら』〈旬報社〉をお読みください）。

ガリレオの後を引き継いだ天文学者たちは、天の川も無数の星の集まりであり、太陽のような星が無数に集まって集団をつくっていること、その集団が天の川の方向に沿って扁平な形に集まっていることを明らかにしました。

そして、私たちが住んでいる恒星の集団を「銀河系」あるいは「天の川銀河」と呼ぶようになりました。私たちは、銀河系の中に住んでいて、それを内側から眺めた姿が、天の川だったのです。

さらに二十世紀には、アメリカの天文学者ハロー・シャープレイによって、私たちは、銀河系の星の集まりの中でも、端っこのほうにいることがわかってきました。

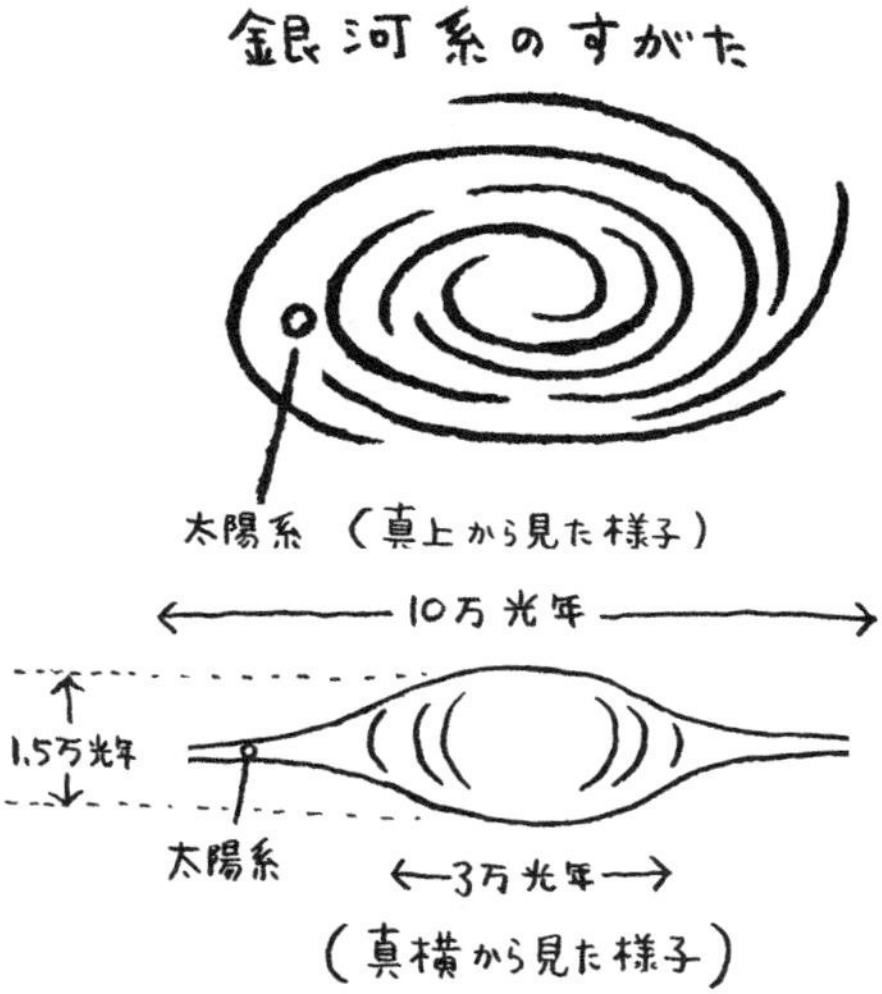

銀河系は全体としては目玉焼きのような形をしています。中心にある黄身の部分がいくらかふくれていますが、その周りには薄っぺらな円盤の部分、つまり白身が広がっています。われわれは白身の端っこのほうに住んでいます。黄身の部分は大きさ三万光年、厚さが一・五万光年、白身は直径が十万光年、厚さはせいぜい数百光年と非常に薄くなっています。夏の天の川が濃く、太く見えるのは、われわれが白身の端っこから黄身のふくれた部分を眺めているからです。

この銀河系の中心方向、つまり黄身の方向が、まぎれもなく夏の天の川の地平線近く、やや流れの幅が広くなっている部分なのです。星座でいえば、いて座の方角が、わが太陽系が属する、約一千億の星の集まりの中心部分がある方向にあたります（ちなみに、創立者が天文学者の荒木俊馬《あらきとしま》氏である京都産業大学の校章には、銀河系の中心である、いて座がデザインされています）。

したがって、天の川を眺めるのに最もいいのは、夏ということになります。日本では、夏の夕涼みの時間帯、天頂から南の空に流れる天の川を見ることができます。ほぼ頭の真上にある、夏の星座・はくちょう座からわし座、いて座、そしてさそり座の尻尾に続いて、南の地平線へと没する夏の天の川は実に見事です。

夏の天の川を舞台にしたのが、有名な宮沢賢治の名作『銀河鉄道の夜』です。銀河鉄道の夜を読むと、賢治は宗教や農業だけでなく、天文学にもかなり造詣《ぞうけい》が深かったことがわかります。当時、天の川が星の集まりであることをしっかりと理解していたことは特筆に値しますが、物語に登場する数々の星々や星座たちも、天文学者の目から見ても、かなり正確です。

銀河鉄道は、夏の天の川を北から南へと下っていきます。始発駅の北十字に、ほぼ頭の真上に見えるはくちょう座。鷲《わし》の停車場は、七夕の彦星のあるわし座。蠍《さそり》の火はさそり座のアンタレスという赤い一等星、そしてケンタウル祭りは文字通りケンタウルス座。ぽっかりと穴のあいたように見える石炭袋と、その隣にある終着駅の南十字。北十字から南十字への旅も、キリスト教に影響された宗教的な色彩が色濃く出ています。読者の皆さんにも、ぜひ『銀河鉄道の夜』を片手に、実際の星空で天の川を眺めてみてください。新しい発見や感動があるはずです。

再び、冒頭のオーストラリアの話。

はやぶさの観測に成功し、買っておいたオーストラリアのスパークリング・ワインを開けました。「ポン」という音が天の川まで届くかのように響きました。観測隊で乾杯をしながら東の空を眺めると、ちょうど、北十字であるはくちょう座が地平線からまっすぐに上ってくるところでした。つまり天の川沿いに、北十字（はくちょう座）から南十字まで、銀河鉄道の夜の始発駅から終着駅までが一望できたのです。この星景色は南半球でしかありえません。宮沢賢治が、実際にこの光景を、そしてはやぶさ探査機の帰還を眺めたら、どんな物語が紡ぎ出されるだろうかと考えながら、帰路についたオーストラリアの夜でありました。

言の葉 四

アンドロメダ

世界観を変えた宇宙の窓

アンドロメダ。

この六文字のエキゾチックな響き。そこから想像されるロマンチックな雰囲気。宇宙に関するさまざまなカタカナ語の中でも、どう表現したらいいかわからないほど素敵な名前ではないでしょうか。それに加えて、おそらく誰もが一度は聞いたことがある言葉ではないかと思います。

われわれ四十代後半から五十代にかけては、松本零士《まつもとれいじ》さん原作の『宇宙戦艦ヤマト』に登場する架空の宇宙戦艦の名前、あるいは『銀河鉄道999』の終着駅として記憶されています。あるいはマイケル・クライトンのSF小説『アンドロメダ病原体』、その映画である『アンドロメダ…』で、ご存じの方もいるでしょう。

もっと若い世代には、『スター・トレック』の原作者でもあるジーン・ロッデンベリー原作のSFテレビドラマの題名『アンドロメダ』としてお聞きになった人も多いかもしれません。

アンドロメダというのは、もともとは、秋を代表する星座のひとつです。しかし、眺めたことがあるかといえば、ほとんどの方がないのではないでしょうか。星座としては、オリオン座のように明るい星が多くて、誰にでもすぐに見つけられるわけではありません。それでも星座名としてだけではなく、宇宙的なもの、あるいはエキゾチックなものへの憧れの代名詞として、人気が高いといえるでしょう。

アンドロメダ座とは

まずはアンドロメダという星座の説明をしておきましょう。

星座は全天に八十八あり、これらは一九二八年に国際天文学連合で定められたものです。すべてが西洋でつくられた星座がもとになっていて、主要なものはギリシア神話やローマ神話に由来しています。特に、秋の夜空は、ギリシア神話の舞台で、このアンドロメダも登場人物のひとり、エチオピア王国のお姫様の名前です。

神話では、アンドロメダ姫は、エチオピア王室のケフェウス王とカシオペヤ王妃の娘です。絶世の美女と噂されていましたが、それを妬《ねた》んだ海の妖精たちが、エチオピアへ化け鯨を差し向け、国を滅茶苦茶にしはじめました。困った王は、その化け鯨の横暴を鎮めるため、泣く泣くアンドロメダ姫を生《い》け贄《にえ》にすることにしました。鎖に繋がれ、化け鯨の餌食になる寸前に、白馬ペガススに乗って現れた勇者ペルセウスに助けられることになります。化け鯨を退治したペルセウスは、その後、アンドロメダ姫と結婚し、末永く幸せに暮らしたということになっています。

この物語に登場するキャストはすべて秋の星座になっています。まずは深夜、頭の真上を眺めると、四つの星がやや歪《ゆが》んだ四辺形をなしているのが目にはいります。これが空を翔《かけ》る白馬ペガススの姿で、「ペガススの四辺形」と呼ばれています。目立つ星の少ない秋の空では、最も幾何学美に値するもので、「春の大曲線」、「夏冬の大三角」と並ぶ、秋の夜空のランドマークです。

この四辺形はペガススの胴体で、そこから西側の天の川の方向に向かって三つの星が長い首を表し、前足もはくちょう座に向かって左右それぞれに星を繋ぐことができます。そのように繋いでいくと、なるほど馬に見えるから不思議です。ただ、これらはいずれも暗い星なので、街灯りのない場所でしか眺めることはできません。

ところで、このペガススは東側、後ろの部分の胴体がありません。四辺形のいちばん北東の星は、「アルフェラッツ」と呼ばれるアンドロメダ座のアルファ星（星座の中で最も明るい星）です。

この星はアンドロメダ姫の頭に相当し、四辺形からペガススの頭部とは逆に伸びる星の並びが、アンドロメダ姫の体に相当します。ただ、星座絵に描かれているアンドロメダ姫は、まだ鎖に繋がれたままなので、少しかわいそうではありますが。

アンドロメダ座の北側には、W字形をした母親であるカシオペヤ座、そのさらに北側には父上であるケフェウス座、そしてアンドロメダ姫の東側には勇者ペルセウス座、退治された化け鯨も、アンドロメダのずっと南の空に、くじら座となって輝いています。

アンドロメダ大星雲――宇宙像の概念の転換点

星がよく見える場所で、月明かりのない時に、このアンドロメダ座をじっと眺めると、そのお姫様の腰のあたりに、雲のようなものが見えます。その明るさは三等から四等程度です（ちなみに天文学では星や天体の明るさを表すのに「等級」という単位を用います。肉眼でぎりぎり見える星を六等、「七夕」で紹介したこと座のベガ・織り姫星を0

等級とした尺度で、一等の明るさの差は約二・五倍ほどの違いになっています）。その大きさは月の直径の三倍以上あるので、肉眼でもかすかな雲の切れ端がボヤーっと浮いているように見えるのです。

そのため、ずっと以前から、その存在はよく知られていました。雲のように見えるために、かつては「アンドロメダ大星雲」と呼ばれていた天体です。実際、古い教科書などでは、そのように書かれていることもあります。実は、この天体こそ、われわれの宇宙像を大きく変えるきっかけになった天体です。そして、二十世紀の半ば頃から、「アンドロメダ大銀河」と名前を変えることになったのです。

十七世紀以後、天体望遠鏡が発明されると、アンドロメダ大星雲のように肉眼で見える星雲だけでなく、夜空のあちこちに小さな星雲がたくさんあることがわかってきました。

最初に、明るい星雲状天体のカタログをつくったのが、フランスの天文学者シャルル・メシエです。十八世紀後半当時は、同じく雲のように見える彗星《すいせい》を捜索する必要上、邪魔になる天体ということでリストアップされていきましたが、そのおかげで明るい星

アンドロメダ大銀河
アンドロメダ大銀河の傍らに小さな銀河が存在する。いずれも矮小楕円銀河でM32（左下）とM110（右上）。
©東京大学　天文学教育研究センター木曽観測所

雲状天体は、「メシエ・カタログ」として網羅されることになりました。

いまではそれらの天体を、彼の名前をとって「メシエ（M）天体」と呼んでいます。アンドロメダ大星雲の番号はカタログの三十一番なので、「M31」と呼ばれています。

その後、望遠鏡の性能がさらによくなってくると、これらの星雲状天体の中には、形状の定まらない本当に雲のようなものと、よく見ると円盤状あるいは渦巻き状のものとがあることがわかってきました。

そして、十九世紀には、これらの天体は基本的に全く別種のものなのではないか、という疑問が湧いてきたのです。

当時、われわれの太陽が属する星の大集団である天の川銀河（銀河系）の大きさもよくわかっていませんでした。ただ、われわれは無数の星の集まりの中にいることは理解されはじめていました。

もし、こういった星の集まりが、非常に遠くにも点々とあるとすれば、それらはひとつひとつの星に分解できず、全体として雲のように見えるに違いありません。わが天の川銀河も、天の川の形から想像するに、平べったい円盤状です。雲状の天体の中には円盤を真横から見たもの、斜めから見たようなもの、真上から見たようなものがあります。これらは天の川銀河と同じような大規模な星の集まりなのではないかと思われはじめたのです。そしてメシエ・カタログに登録された渦巻き状に見える天体の中で、最も明るく、大きい雲が、このアンドロメダ大星雲でした。

十九世紀の末から写真技術が導入され、こういった星雲の写真も次々と撮影されていきました。アンドロメダ大星雲は、まさしく円盤状の雲を斜めから眺めたものであることがわかってきました。渦巻き星雲は、はたしてわれわれの天の川銀河の中の天体か、それとも外側にある別の星の大集団なのか。二十世紀はじめには、天文学者の間で大議論が起こっていたのです。

それこそ、宇宙は天の川銀河だけでできているのか、それとも天の川銀河はさらに広大な宇宙の海に浮かぶ、ほんのひとつの島に過ぎないのか、という宇宙像論が戦わされていたのです。

後者の仮説が証明されるきっかけとなったのが、アンドロメダ大星雲でした。一九二五年、アメリカの天文学者エドウィン・ハッブルが、ウィルソン山天文台の口径二・六メートル望遠鏡で、この星雲中に変光星（明るさが変化する恒星）を初めて発見しました。この変光星は、明るさが変化する周期と星の本来の明るさとの間にある種の関係があります。

つまり明るさの決まった灯台の役目をします。周期がわかれば、見かけの明るさから、その星までの距離が推定できるのです。ハッブルは四十個ほどの変光星から、アンドロメダ大星雲の距離を六十八万光年と算出しました。これは当時考えられていた銀河系の直径十〜三十万光年を大きく超える数値でした（ちなみに現在では、その距離は二百三十万光年とされています)。

こうして、アンドロメダ大星雲は、われわれ銀河系の中のガス星雲ではなく、星の集合体=銀河であることが判明し、名称もアンドロメダ大銀河となりました。

これ以降、こういった星の大集団である銀河と、天の川銀河の中にある雲=星雲とが、天文学的に区別されるようになりました。アンドロメダ大銀河をはじめとする「銀河」の発見こそ、われわれが住んでいる天の川銀河が宇宙の唯一の存在ではなく、無数に存在する銀河のひとつに過ぎないことを認識する貴重な転換点となったのです。

アンドロメダからミルコメダへ

考えてみると、われわれ人類は宇宙を知ることで、常に自分中心の考え方から脱却してきたように思えます。

十六世紀から十七世紀にかけて、地動説(宇宙の中心は太陽であり、地球はその周りをまわっているという説)が天動説(宇宙の中心が地球であり、太陽を含めてすべての天体は、地球をまわっているという説)にとって代わり、宇宙の中心は地球から太陽となりました。地球は、他の惑星とともに太陽の周りをまわる惑星のひとつになりました。

さらに、星の世界を突き詰めていくと、太陽さえも宇宙の中心ではなく、あまたある星座をつくる星と同じ、宇宙全体で約一千億もある星の大集団のひとつに過ぎないことがわかってきました。

やがて、太陽は天の川銀河の端のほうにあることがわかり、われわれはどんどん宇宙の中心の座から遠ざかっていきました。しかし、二十世紀初頭には、まだ天の川銀河が、宇宙の中心あるいは唯一の宇宙であるとぼんやり考えられていたのです。

そして、アンドロメダ大銀河の再認識によって、われわれの銀河系さえも宇宙の中心ではないことを悟ることになったのです。

この人類の宇宙像の変遷は、まだ続いているといえるでしょう。さすがに宇宙の中心という概念こそなくなりましたが、最近の研究では宇宙の中に銀河が群れ集まっている銀河団や、それらが繋がっている超銀河団の存在が明らかになってきました。実はアンドロメダ大銀河とわれわれの天の川銀河とは、他の数十個の小さな銀河とともども、局部銀河群という、かなり小さな銀河の集団をつくっていることもわかってきました。

隣には、「おとめ座銀河団」と呼ばれる巨大な銀河の集団があり、それを含む超銀河団が存在しています。つまり銀河は、宇宙の中で一様に分布していないのです。そして、銀河団と銀河団との間には広大無辺な銀河が存在しない空間があるらしいのです。これを「空洞（ボイド）」と呼んでいます。

このように、宇宙の大規模な構造ができる理由は、宇宙の中に見え隠れしながら、いまだに謎に包まれている暗黒物質や、暗黒エネルギーに密接に関わっています。すべての謎が解ける時、われわれはどのような宇宙像を手に入れているのでしょうか。

ところで、この広大な宇宙の片隅で、われわれ天の川銀河とアンドロメダ大銀河とは急速に接近しつつあります。その接近速度は秒速百二十キロメートルです。このままいけば、両方の銀河は衝突し、しばらくして一体化するだろうと予測されています。銀河と銀河の衝突は、見渡すとしばしば起きているので、あまり珍しいことではありません。

もっとも、両者の距離は光の速度でも二百三十万年かかるほど離れているので、衝突が起きるとしても、数十億年後のこととなります。われわれ人類が心配する必要はありません。

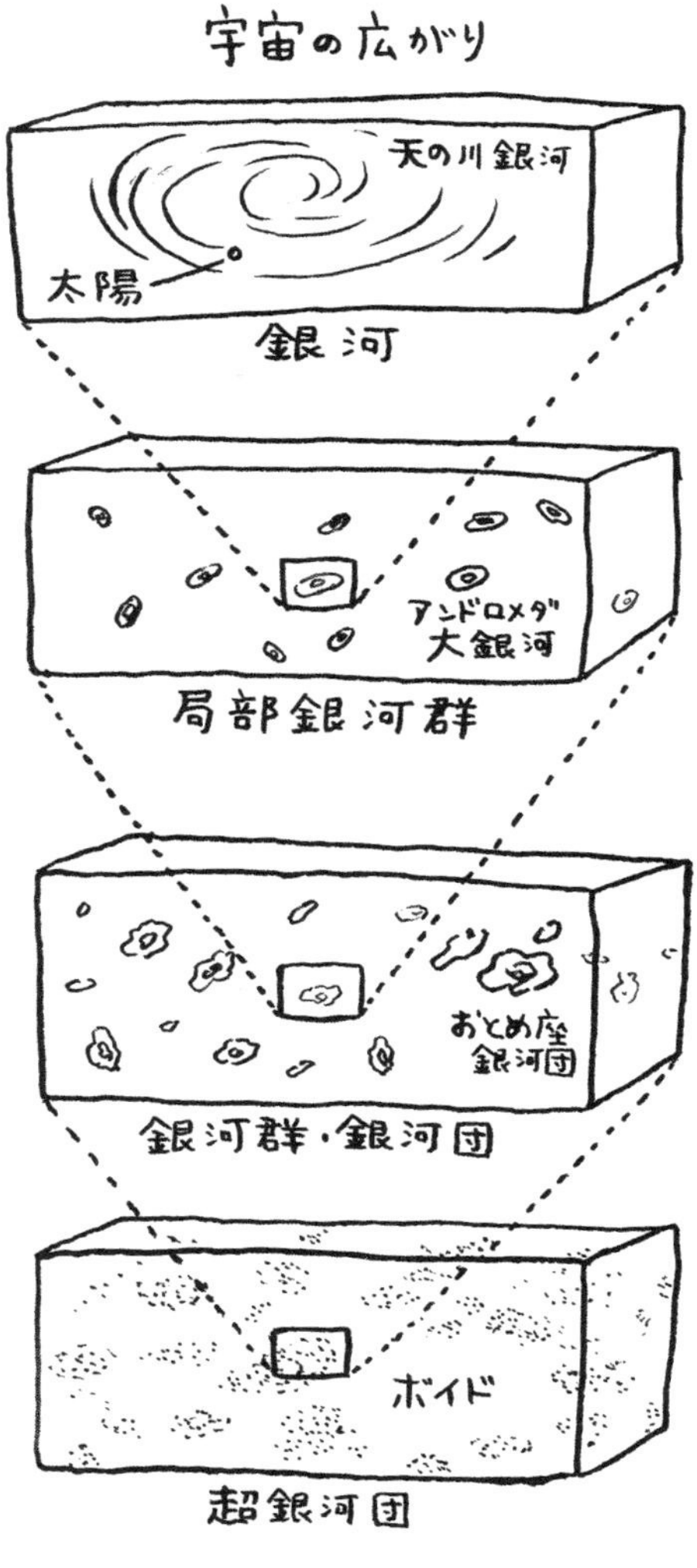
宇宙の広がり
天の川銀河
太陽
銀河
アンドロメダ大銀河
局部銀河群
おとめ座銀河団
銀河群・銀河団
ボイド
超銀河団

天文学者の中には気が早い人もいて、その衝突や合体についてスーパーコンピュータを駆使して予測するだけでなく、合体後の銀河の名前まで「ミルコメダ」と提唱しています。これは、天の川銀河のミルキー・ウェイ（Milky Way）とアンドロメダ（Andromeda）との両者の半々をとった（Milkomeda）という造語です（もっとも実際にその合体銀河が、この宇宙に現れた時、太陽も地球も寿命が尽きているので、この名前を使う人間はいないでしょう）。

アンドロメダ座は、肉眼で見える天体として、最も遠いところにあるものです。秋の夜長、夜空が澄んでいたら、ぜひわれわれと将来一体になるパートナーのアンドロメダ大銀河を探し出して、遠い未来に思いを馳せてみてはいかがでしょうか。

言の葉 五

彗星

宇宙の放浪者

彗星《すいせい》。「ほうき星」とも呼ばれる天体です。それまでほとんど無名だった人が、一挙に頭角を現し、世間に知られるようになった時など、ニュースの見出しに「彗星、現る」などと用いられることがあります。北海道の女子中学生が選考会で、いきなり二〇一〇年のバンクーバー五輪代表に選ばれた時も、「スピードスケート界に期待の彗星、現る！」と報じられました。

こういった比喩《ひゆ》に用いられるのは、彗星のふたつの特徴に起因しています。予告もなく突然に現れること、そして出現した彗星が華麗な姿を見せるという事実です。同じような比喩に用いられる天体として、新星や超新星（一一五ページ参照）がありますが、こちらは彗星が持つ後者の特徴を有していません。新星も超新星も、確かに突然なんの予告もなく、明るくなるのは彗星と同じですが、どんなに目をこらしても天空の一点にとどまって位置を変えることなく、ただただ星として光り輝くだけです。

一方、彗星は、毎夜、星々の間を縫うように動いていきます。その動きもスピードも、発見された当時は誰も予測できなかったし、その姿・形も変わっていくことが多くあります。その意味で、「期待の新星」とするか、「期待の彗星」とするかは、比喩を用いられる人が、どんな仕事で評価・期待されているかにかかっているといえるでしょう。リンクを猛スピードでめぐるようなスピードスケートの選手には、その意味で、その場にとどまって輝く新星よりも、動きまわる彗星のほうがふさわしいでしょう（ただ、比喩を用いる記者やライターが、そこまで深く彗星のことを知った上で用いているかどうか、はなはだ怪しいものではありますが）。

いにしえの彗星のイメージ

天体としての彗星は、太陽系宇宙の中で、きわめて変わり者です。その正体がある程度理解されるまでは、彗星はまさに天空の不思議の最たるものでありました。肉眼でしか宇宙を見ることのできなかった時代、彗星は全く予兆なく突然に現れ、人魂《ひとだま》のようなぼーっとした光塊《こうこん》と、そこから伸びる幽霊のような尾を見せました。その不気味な姿形も大きさも日に日に変えながら、星座の間を移動していくのです。そんなこともあって、彗星は古くから凶兆とされ、天体の中ではどちらかといえば忌み嫌われた部類に属していました。紀元前四四年のジュリアス・シーザー暗殺の後に大彗星が現れた事件や、一〇六六年の彗星出現に戦意を喪失したイングランド軍が、ノルマンディー公に敗れたのは有名です（ちなみに、この彗星は後にハレー彗星であったことが判明しました）。わが国でも、『日本書紀』に西暦六三九年の彗星出現に際して、高名な法師が「彗星《ほうきぼし》なり。見ゆれば飢《う》う」と述べたと記されています。

一方、吉兆と見なすケースもあります。トルストイの『戦争と平和』にも登場しますが、一八一一年の大彗星を見たナポレオンは、自軍の戦勝の兆しと考え、ロシア遠征を決めたといわれています。ちなみに、この年はブドウが豊作で、「コメットワイン」という銘柄が量産されました。稲作国家である日本では、この彗星の曲がった尾をたわわに実った稲穂に見立て、「穂垂星《ほたれぼし》」と呼んでいました。

「稲つかねたらんやうなる星現《あらわ》る。老人豊秋のしるしといふ。
里並や芒《すすき》もさわぐはゝき星」（小林一茶）

天体としての彗星の解明

彗星が天体であることが理解されるようになったのは十六世紀以降です。もともとガリレオ・ガリレイなどは、彗星は地球大気（といっても、当時ははっきりと定義されたわけではありません）の中の気象現象と主張していました。しかし、肉眼による膨大な天体観測記録を残したデンマークの天文学者ティコ・ブラーエが、ヨーロッパの異なる場所から同時に観測された彗星の見かけの位置を丹念に調べ、同じ時刻には彗星はどこからでも同じ位置に見えていることを見いだしました。近い場所での現象なら、観測場所によって違ったところに見えます（難しい言葉でいうと「視差」）が、それがないことから、彗星は月よりも遠い「天体」であることがはっきりしたのです。

さらに、彗星の見かけの動きが理解されるようになったのは、十七世紀後半、惑星の運動が解きあかされるのとほぼ同時でした。アイザック・ニュートンは著書である『プリンキピア』の中で、リンゴが地面に落ちるのも、月が落ちないで地球の周りをまわり続けるのも、どちらも同じ引力が作用する現象であることを示しました。これが「万有引力の法則」です。彼は、さらにその証明のひとつとして、彗星を放物線軌道を持つ天体として扱うことに成功しました。放物線は、地球上でものを投げた時に描かれる曲線です。数学的には無限遠まで達する曲線で、いったんその軌道に乗ってしまうと二度と帰ってくることはありません。すなわち周期性を持たないのです。

いまになって思えば、彗星は楕円《だえん》軌道を描くものも多くあります。ただ、放物線軌道を持つような彗星は、一般に楕円軌道を持つ彗星よりも明るいため、観測手段が肉眼しかなかった当時としては、放物線軌道の彗星のほうがたくさん発見されていたのです。

さて、歪んだ楕円軌道をたどっている彗星もあるという新知見を見いだしたのが、かのイギリスの天文学者エドモンド・ハレーです。彼はニュートンの万有引力の法則を本人から直に聞き、『プリンキピア』の出版を働きかけた人物でもあり、すぐに自分の研究にニュートンの方法を応用することができました。過去に観測された二十四個の彗星の軌道を放物線軌道として求めてみたところ、一五三一年、一六〇七年、一六八二年の三つの彗星の軌道がよく似ていることを見いだしました。その出現間隔も七十六年、七十五年とほぼ等しかったのです。

この事実から、この彗星は細長い楕円軌道を描いており、周期的に現れると考えました。この彗星こそ、今日「ハレー彗星」と命名された最も有名な彗星です。ハレーは、この彗星の次の出現を、一七五八年から一七五九年と予言しましたが、実際の出現を見ることなく、亡くなってしまったのは有名な逸話です。

ハレー彗星はきわめて大型で明るい彗星です。天象を眺めて政治に反映させていた中国では、彗星出現の記録が相当過去から残されていますが、ハレー彗星の最も古い出現記録は、中国の『春秋』という歴史書にある紀元前六一三年の記録「魯文公《ろぶんこう》十四年　秋七月　有星孛入于北斗（星有り孛《はい》して北斗《ほくと》に入《い》る）」です。

こうして天体としての彗星の軌道がわかってくると、見かけの動きもニュートンの万有引力によって計算・予測できるようになり、凶兆としての彗星のイメージは次第に消えていき、太陽系の中の異端児であることがわかってきました。

地球を含め、火星、木星など八つの惑星は、すべてがほとんど円に近い軌道を描きながら、規則正しく太陽の周りをまわっていて、惑星同士がお互いに近づくことはありません。それに対し、彗星はほとんどが、大きく歪んだ細長い楕円の軌道を持ち、いくつかの惑星軌道を横切って飛びまわっています。中には一九九四年のシューメーカー・レビー第九彗星のように、惑星に衝突してしまうものさえあります。この状況は地球も同じで、しばしば彗星が私たちに近づいてきます。二〇一〇年十月から十一月にかけて、ハートレイ彗星が地球に近づきましたが、小さな彗星でも近づくと明るく見えるので、話題になるわけです。

華麗な姿を見せる理由

一方、凶兆と思われる原因のひとつでもあった不気味な姿・形も次第に解明されていきました。新たな観測によって、彗星の不気味な光の成分を分析することができるようになり、光塊や尾がガスや塵でできていることがわかってきました。光を七色に分けて調べる分光という手法で、光っている原子や分子の種類や量がわかります。

彗星の正体は宇宙空間を旅する「雪だるま」です。本体である核は、八十パーセントほどが水（H_2O）、残りの二十パーセントには二酸化炭素（CO_2）、一酸化炭素（CO）、それに微量成分として炭素、酸素、窒素に水素が化合した種々の分子が含まれ、これに砂粒のような塵（ダスト）が混ざって、凍りついています。いわば砂粒や土埃《つちぼこり》で汚れた「雪だるま」なのです。核の大きさは数キロメートルから数十キロメートル程度で、天体としては小さい部類です。

しかし、この雪だるまが太陽に近づくと、とたんに暴れ出します。太陽からの熱で、少しずつ融《と》けていくのです。雪が融けると地上では液体になりますが、宇宙の場合には周りが真空なので、すぐに気体となって蒸発します。これが彗星から放出されるガスの正体です。このガスに引きずられるように、細かな塵や砂粒も一緒に宇宙空間に吐き出されます。こうして彗星から飛び出したガスの一部が本体の核の周りにぼやっとした薄い光塊をつくります。これを「コマ」と呼んでいます。主成分は電気を帯びていないガスで、炭素原子がふたつくっついたものや、窒素と炭素がくっついたシアンガスが光を発しています。

一方、ガスの中には電気を帯びやすいものがあります。分子などが電気を帯びたものをイオンと呼びますが、いったんイオンになってしまうと、電気的な力が強く働きます。太陽からは電気的な力を及ぼす風、いわゆる「太陽風」が流れています。この風が彗星のイオンとなったガス分子を引きずっていきます。太陽風の流れは速くて、毎秒数百キロメートルもあるので、彗星から出たイオンはどんどん吹き流され、太陽と反対側にすーっと伸びた細い尾をつくり、場合によっては太陽と地球の距離である一億五千万キロメートルもの長さになることもあります。これが彗星の「イオンの尾」です。青白く光っているのは一酸化炭素のイオンです。

こういったガスに引きずられて飛び出した塵や砂粒もコマや尾をつくります。小さな、それこそミクロン単位の塵は、その大きさに応じた太陽の光の圧力（放射圧）を受けて、やはり反太陽方向へたなびきます。こうして太陽と反対方向にゆるやかになびく「塵の尾（別名ダストの尾）」となります。

ただ、いくら小さいとはいっても塵は固体なので、流されるスピードはイオンに比べてとてもゆっくりです。また、そのスピードもサイズごとに違ってきます。そのために塵の尾は細くはならず、扇形のような広い幅を持った尾をつくります。彗星が昔から「ほうき星」と呼ばれるのは、大きく明るい彗星で幅の広い塵の尾が発達して、あたかもほうきのように見えるからです。

こうして彗星の姿・形が、そこに含まれる成分に由来することがわかってきたのが十九世紀末から二十世紀初めのことでした。ところで、シアンガス一酸化炭素などの物質は、どれも人間にとって毒性を持つものです。このような状況下で、一九一〇年に回帰するハレー彗星が地球に接近し、しかも地球がその尾の中を通過すると予測されたから大変です。彗星の尾によって地球大気が毒され、その数分間をいかに生き延びるか、というさわぎになりました。「彗星毒消丸」という薬が発売されたり、一部では数分間の空気を確保するため、自転車のチューブが売れたりしたそうです。科学的な要素が加わったため、かえって凶兆神話が、ぶり返したような形になりました。彗星の尾が有毒の一酸化炭素でできているといっても、その濃度は地球大気の数兆分の一に過ぎず、心配する必要は全くなかったのですが、いつの時代でもこうした話題は社会現象になるものです（結局、何事も起きなかったのは、ご推察の通りです）。

姿・形の理由も、軌道運動もよくわかってきたのですが、まだ予測できない点も多くあります。周期が二百年以下の楕円軌道の彗星は、二百個ほどあり、これらはハレー彗星を含め、いつ帰ってくるかの予測が可能です。しかし、大きく明るい彗星になることが多い性質を持つ、放物線に近い軌道の彗星は、その周期が数千年から数百万年です。

こうした彗星は、ほとんどが未発見といっても過言ではなく、出現予測は不可能です。幸い、観測技術が発達している現代では、こうした彗星も太陽に近づいて明るくなる前、場合によっては数年も前に発見される例が多くなり、かつてのように「全く突然」に出現することは少なくなりました。それでも、その情報を知っているのは天文学者か、せいぜい熱心な天文ファンに限られています。明るくなって肉眼でも見えるような彗星になると、新聞などのメディアを賑わせることで、一般の人が知ることになります。その意味では、まだまだ彗星は、前触れもなくふらっと現れる宇宙の放浪者であり、突然頭角を現す場合の比喩として用いられるにふさわしいイメージのままであることは間違いありません。近々明るくなって肉眼で見えるような長い尾を引く彗星の出現は、いまのところ、次のハレー彗星まで予測されていません。前世紀、一九八六年のハレー彗星は、地球から遠かったためにあまりよく見えませんでしたが、次回は地球に接近し、日本のような北半球ではよく見えるはずです。しかも夏休みの夕刻と、時間帯も絶好の条件なので、ぜひ皆さんも楽しみにしてほしいと思います。約五十年後、二〇六一年のことではありますが……。

言の葉 六

流れ星

砂粒の最期の輝き

言の葉五で紹介した「彗星」について、一般の方と話をしていると、しばしば、「彗星って、とても感動的ですね。ずっと見ていたいのに、一瞬で消えてしまうところがまたいいんですよね」というような声を聞くことがあります。

皆さんは、この表現にあまり違和感は持たないかもしれませんが、これは彗星を流星、いわゆる流れ星と混同している典型的な例です。実は、彗星も流星も知名度が高いために、よく用いられる言葉です。しかし頻出する割には、この種の間違いは数え切れないくらい多いのです。

例えば、テレビドラマのタイトルには、そのものずばり『流れ星』というのがあったし、その主題歌も『流星』です。しかし、そのCDジャケットを飾っているのは、どうみても彗星なのです。

槇原敬之の『彗星』という歌や、古くはユーミンの『ジャコビニ彗星の日』などでは、タイトルとは裏腹に、その歌詞には明らかに流星しか出てきません。宇江佐《うえざ》真理さんの『憂き世店』という時代小説には、「箒星」という章がありますが、その中で、江戸の人々が見た天体の描写は、彗星ではなく、どう考えても流星です（もちろん、こうした些細なことが気になるのは私のような天文学者か、アマチュア天文家くらいで、大方の人は気づかないだろうし、こういった誤りのために、これらの歌や小説の評価が下がるわけでは全くないので、念のため。ちなみに、前記の例はどれも素晴らしい作品で、私が好きな部類です)。

これも、もともと星が見えなくなってきている日本で、本物の流星や彗星を見る機会がめっきり減ってしまったという、時代のなせる業《わざ》なのでしょう。彗星はともかく、流星はそれほど珍しいものではありません。満天の星を眺めていれば、どんな夜にも必ず現れるものですが、光害で星空そのものが失われているせいで、現代人にとっては非日常的な現象となっているわけなのです。

さて、彗星と流星は性質も異なれば、見え方も全く異なります。

彗星は、太陽をめぐる小天体のひとつであり、広大な宇宙を旅しています。そのために、夜空を少しずつ動いていき、また明るさも変えていくのですが、その変化はじっと見ていてもわからないほど遅いのです。せいぜい、翌日に見ると、ちょっと位置が変わっているかなぁ、と思える程度で、一瞬で消えることはまずありません。

大きく明るい彗星は、しばしば長い尾を引くので、どうしても動いているというイメージが強くなることが、流れ星と混同する一因でしょう。そもそも彗星の尾は、一般的には彗星そのものの動きではなく、太陽の光や太陽風に流されてできるので、しばしば彗星の進行方向に尾が出ていたりするのが実態です。

一方、流星は確かに一瞬で消えます。光りはじめてから消えるまで、せいぜい一秒以下です。まれに長く光る流星がありますが、それでも数秒から数十秒で夜空を駆け抜け、消えていきます。

そもそも流れ星というのは、夜空に浮かぶ星とは異なり、地球の大気に小さな砂粒が突入して光る現象です。

地球は秒速三十キロメートルという猛スピードで太陽の周囲をまわっています。なおかつ相手の砂粒も、それなりの速度を持っているので、突入してくる相対速度は半端ではありません。速いものでは秒速七十キロメートルにも達します。

そのために、大気の濃くなる場所、だいたい地上からの高さが百キロメートル程度の場所で、砂粒が大気との摩擦（物理学的に正確にいえば衝撃波加熱）を起こし、高温になり、あっという間に融けてしまうのです。その燃え尽きる時の光を、私たちは流れ星として見ているわけです。

砂粒の大きさはせいぜい一ミリメートルから一センチメートル程度です。ほんの小さな宇宙の埃のようなものです。彗星がキロメートルサイズの天体であることを考えれば、両者が全く異なるものであることがわかるでしょう。

流れ星への思い

こんなに小さな役者ではありますが、流星となる砂粒は、たまたま目の前で地球大気に飛び込み、一瞬の輝きで静かな夜空を華やかに飾ってくれます。

その輝いているわずかな時間の中で、赤、黄色、青とさまざまな色合いを見せ、煙のような尾を引くものもあれば、最後には派手に破裂するものさえあります。これほどドラマチックに静かな夜空を演出してくれるものはありません。輝く時間の短さと、なんの変化もない夜空を彩る派手さとが、人間に「はかなさ」に類する感覚を付与するのでしょう。

そんな流れ星に人々は昔からさまざまな意味づけを与えてきました。

ギリシアでは天上界の光が戸口から漏れたものであると考えていました。キリスト教以降は、人の魂が神に召される時に現れると解釈され、アンデルセンの童話『マッチ売りの少女』では、長い尾を引く流れ星を見ながら、それが自分とは知らずに、誰かが死んだ、とつぶやく悲しい場面があります。

ネイティブ・アメリカンも、流星が病気や死を意味するもの、あるいはそれらの危険を知らしめるものとして語り継いできました。

中国でも偉人の死に結びつけられた例があり、『三国志』では司馬仲達《しばちゅうたつ》が、蜀《しょく》の陣地に真っ赤な流星が落ちたのを見て、諸葛孔明《しょかつこうめい》が死んだのを悟ったとされています。

ところが、面白いことに日本の流星に対する考え方は、かなり違っています。

なにしろ純粋な流星の和名は「婚《よば》い星」。

平安時代の『倭名抄《わみょうしょう》』には、「流星の飛ぶや、蕩子《とうじ》の女家に就くが如きあり」と記されています。すなわち男性が女性の家に夜な夜な通う「夜這い《よばい》」にたとえられてきたのです。

『枕草子』には「星はすばる。彦星。夕づつ（宵《よい》の明星）。よばひ星（流れ星）すこしをかし。」などと書かれています。

静岡では流星を「星の嫁入り」といい、他の星に嫁入りするものと考え、流れ星が流れるのを「ヨメッタ」といっていたらしいのです。全く逆の捉え方をしている地方もあって、富山では「インキリボシ（縁切り星）」といっていたそうです。また、「落ち星」、「抜け星」、あるいは鳥の雉《きじ》に見立てた「キジボシ」といういい方もあったようです。

誰もが知っている伝承としては、流れ星が消えるまでの間に願い事を三度唱えるとかなう、というものがあります。北原白秋《きたはらはくしゅう》がそれらの伝承童話を集めていますが、福岡では「色白《いろじろ》、髪黒《かみぐろ》、髪長《かみなが》」、宮城では「金星《かねぼし》、金星……」という唱え言葉が収集されています。こういった言葉からも、死に絡んだ暗いイメージは全く感じられません。もしかすると、日本では流れ星が人の死と結びついたような意味ではそれほど用いられてこなかったのかもしれません。

最近の研究で、願い事を三度唱えるという伝承は、それほどは古くはなく、主にはやり出したのは明治以降であることがわかりましたが、その起源まではよくわかっていません。

日本でも流星が凶兆とされたことがないわけではありません。一六八五年の大きな流星が、後西《ごさい》天皇の崩御と関連づけて記録されたりしたこともあるのですが、一般的に彗星に比べて、凶兆として記録されたことが少ないことは確かです。

彗星と流星は親子

彗星と流星が、よく間違われるという話をしましたが、実はこの両者は親子関係にあります。流星になる砂粒は、彗星からまき散らされたものが大部分なのです。彗星は「汚れた雪だるま」といわれるように、砂粒をたくさん含んでいて、太陽熱によって氷の塊が融けていくと同時にたくさんの砂粒を宇宙空間へ吐き出します。

こういった砂粒は、母親である彗星の通り道（軌道）を同じように動いていきます。いわば砂粒の川の流れが宇宙の所どころにあるわけです。その川が、たまたま地球の軌道と交差している場合、その場所を地球が通過する日時に、たくさんの砂粒が降ってきて、流星の群れになります。これが流星群です。普段の夜には一時間にせいぜい十個程

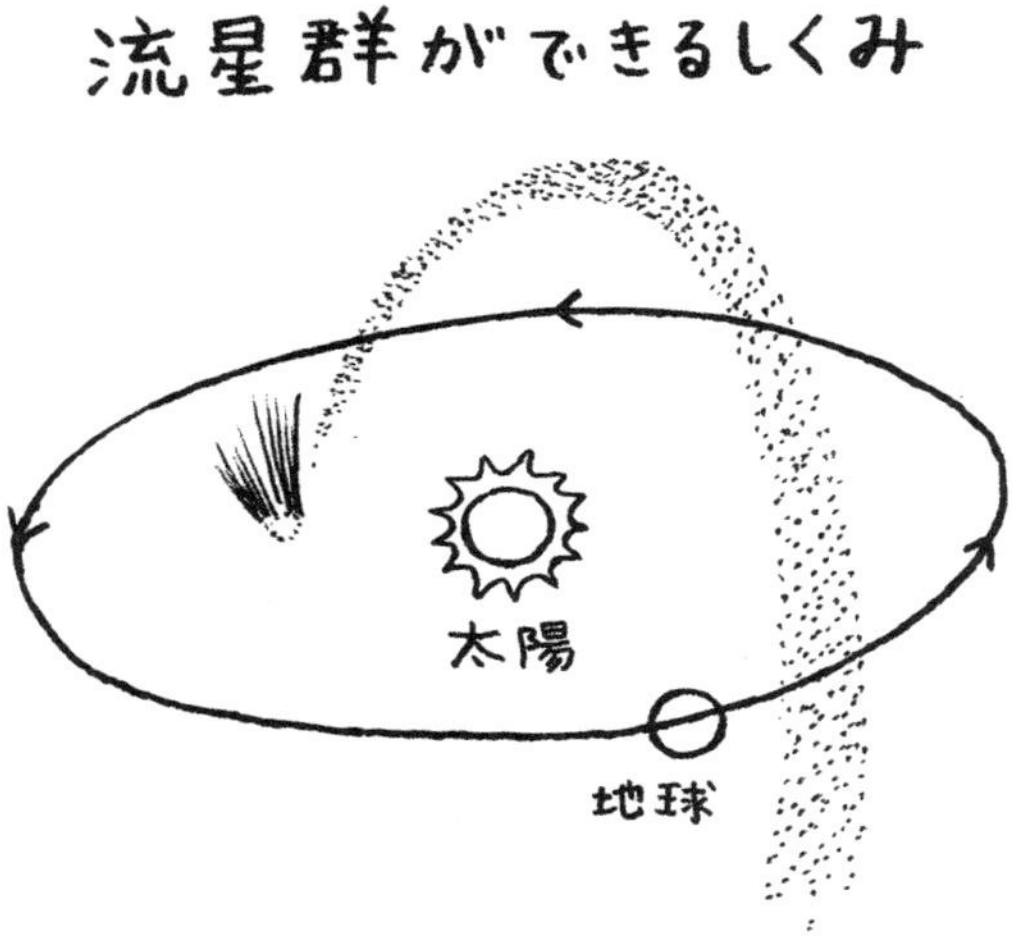

度しか出現しない流星が、この時だけは数が跳ね上がって、街灯りのない理想的な夜空では百個を超えることもあります。

流星群の砂粒は、ほぼ同一の空間運動（速度や方向）を持ちながら群をなしています。群の中に地球がさしかかった場合、多数の流星が天球上のある一点（放射点）から放射状に流れ出るように見えます。平行に突入してくる流星の軌跡を逆に延長すると、一種の遠近法により、ある一点に収束するように見えるからです。ちょうど、鉄道の線路に立ってみると、二本のレールが遠くで一点に交わるように見えるのと同じです。

天文学では伝統的に、その放射点が存在する近くの星や星座名をとって、「××座流星群」と呼ぶことになっています。

例えば、八月中旬に現れるペルセウス座流星群は、その放射点がペルセウス座にあることを意味しています。

流星群に属する流れ星の出現数は、その流星群によってまちまちです。砂粒の川の幅や、砂粒の流量、あるいは地球と川との接近具合など、さまざまな要因によって、その流星の出現数が決まります。

当然、眺める側の条件次第でも見える数は変化します。星がよく見えない都会のような場所では、流れ星も見えません。月明かりや天候の状況、視界の広さ、それに注目する流星群の放射点が、どのくらい地平線から昇っているか、などの条件が大きく影響するのです。

流星群はたくさんあるのですが、一般の人も楽しめるのが三大流星群です。一月初めのしぶんぎ座流星群、八月中旬のペルセウス座流星群、十二月中旬のふたご座流星群です。

どれもピーク時には一時間あたり五十個を超えるほど数が多く、しかも毎年必ず出現します。この数は理想的な夜空で観察した場合です。

流星と混同される現象

流星を見た経験がある人なら、他の現象と取り違えることは少ないでしょう。ましてや、彗星と流星を両方眺めた経験があれば、彗星と混同することもありません。しかし、彗星以外にも流星と混乱するような現象が、実際の夜空には存在します。光り方や動き方が似ているからです。

そのひとつが人工衛星です。人工衛星は地球の周りをまわっていて、しばしば太陽の光を反射して、光って見えます。流星に比べてかなりゆっくりと動いていきます。見えている時間は数十秒から数分という例がほとんどなので、流星と間違えることはめったにありません。

国際宇宙ステーションが夕方に日本上空を通過する時は、金星よりも明るく光るので、都会でもよく見えます〈宇宙航空研究開発機構〈JAXA〉では、宇宙ステーションの予報を公開しています。自分の住んでいるところで、いつ頃見えるかをあらかじめ調べることができるので、ぜひ試してみましょう。http://kibo.tksc.jaxa.jp/)

しかし、もともと小さくて、暗い人工衛星の場合は誤認されるケースがあります。一般に人工衛星は姿勢を保つために回転していますが、太陽電池パネルなどがちょうど太陽光を反射する位置にくると、突然ぴかっと明るく光るからです。通信に使われているイリジウム衛星などが、一瞬光る代表例で、われわれは「イリジウム・フラッシュ」と呼んでいます。

場合によっては、全く何もない星空で、その数秒間だけ明るく光ることがあるので、流星と間違える人も多いのです(ちなみに人工衛星を見て、UFOだと思いこむ人の割合は、さらに多いのですが)。

もうひとつ、光らない黒い流星のような現象を目撃することもあります。

そのスピードも遅めの流星そっくりですが、よく見ると、やや面積を持っていて、まるで天の川の切れ端が飛んでいくように見えます。

私は一九七九年に、天の川の切れ端のような流星が飛んでいくのを目撃し、即座に双眼鏡を向けて、その正体を確認したことがあります。それは編隊を組んで夜空を飛んでいく渡り鳥でした。鳥の姿に地上の光がかすかに反射し、天の川の切れ端が飛んでいくように見えたり、空の暗い場所では、黒い流星のように見えたりしていたわけです（ちなみに、私は当時、日本野鳥の会の会員でもありましたが、さすがに鳥の種類まではわかりませんでした）。

いまではめったに見かけなくなった困り者が、曲がる流星です。

流星観察には、星のよく見える地域に出かけることが多いのですが、まれに光りながらカーブを描く流星が目撃されます。

お、と思う間もなく、消えたカーブを延長したあたりで再び光り出すことが多いです。なんのことはない、点滅しながら飛んでいる蛍《ほたる》です。

私が、かつて高校時代に流星観測をしていた福島県会津地方では、当時は夏になると蛍がちらほら飛んでいて、風のない晩には、かなりの上空でも光るために、流星観測のように精神を集中させて光り物を追いかける場合には、妙な流星の出現として、ぎょっとさせられたものです。もちろん、それとわかってしまえば、心温まるものではありますが。

いつ現れるとも知れない流れ星を待ちながら、夜空を眺めている時間は、流星への期待感と満天の星に癒される不思議な充足感に満たされます。

皆さんもぜひ、そんな時間をつくってみてはいかがでしょうか。

言の葉 七

惑星

なぜ一週間は七日なのか

人間が暮らす時間のリズムを律しているのは、まずは太陽です。太陽が昇ると昼になり、人間は活動をはじめます。沈めば夜となって、（一部の人を除けば）基本的に休む時間帯となります。この昼夜二十四時間の繰り返しが「日」という単位です。一方、農作業などで大切な時間単位は季節でしょう。適切な時期に種をまかないといけないし、作物は一朝一夕にはできません。この春夏秋冬というサイクルが「年」です。この単位は、地球が太陽を一周する周期です。

ところで、「日」と「年」とは時間の長さがあまりに違います。年は日の約三百六十五倍もあります。そこで、中間となる単位が必要となります。その時間単位のひとつが、言の葉一で紹介した「月」です。しかし、これでも「日」と比べれば約三十倍もの長さがあります。一から三十一までの数値で日を表すことができますが、三十日を一サイクルと考えるのはちょっと長すぎると感じる時があります。

そこで登場するのが、月とは無関係に定められた「週」です。七日を一単位として繰り返していく「週」こそ、私たちが用いている暦の基本単位のうち、日と月の間となる、そして休みを定期的にとる適切な単位となっています。

しかし、なぜ週が七日単位なのか、そしてその順番がどうしてこうなっているのかを説明できる人は少ないでしょう。

惑星とは?

週の起源は、実は「惑星」です。夜空で季節によって見える星座は異なっていくものの、通常の星々はお互いの位置関係を変えることはありません。恒《つね》に同じ位置にある、という意味で「恒星」と呼ばれてきました。この恒星に対して、その位置を毎日のように変えていくのが惑う星、つまり惑星です。

もともと惑星(planet)の語源をさかのぼれば、ギリシア語の「planetes(さまようもの)」に由来します。最初に惑星とされたのが肉眼で見える水星、金星、火星、木星、土星、それに太陽、月です。太陽と月は、特別な天体ではありましたが、古代においては惑星という分類でした。そんな馬鹿な、と思われる人がいるかもしれませんが、地球が宇宙の中心であるという宇宙モデル(天動説)において、どちらも地球の周りをまわっているという点では、月も太陽も他の肉眼で見える五つの惑星も同じでした。いまでも西洋占星術の中では、太陽も月も惑星として扱われています。

この惑星は、昔から人々の生活に深く関わっていた暦にも残っています。それが週なのです。カレンダーを見ると、曜日が七つ並んでいます。この曜日の数＝七は、かつては肉眼で見えていた惑星の数に他なりません。

曜日の順序の起源

古代の人たちの宇宙観は天動説なので、宇宙の中心は地球だと思っていました。そして天球上を動く速度が速い順、つまり地球に近い順に月、水星、金星、太陽、火星、木星、土星と並んでいると信じており、さらに、この惑星たちが遠い順に時間を支配していると考えていました。しかし、これがそのまま曜日の順番になったわけではありません。

この順番を使って、まず時刻を支配する惑星を決めました。週の第一日第一時間には、最も遠くの惑星をあてはめ、そこから近い順に並べていきました。すなわち、週の第一日第一時間が土星、第二時間が木星、第三時間が火星、第四時間が太陽と、第二十四時まで支配する惑星をあてはめてゆくのです。そうすると、第一日は火星で終わります。第二日の第一時間は次の太陽からはじまり、水星で終わります。第三日の第一時間は月ではじまり、第四日は火星ではじまります。

こうやって一週間にわたって、各時刻を決めていったのですが、その各日の最初の時刻を取り出し、それぞれの日を支配する惑星が決められました。すなわち、第一日が土星であり、続いて太陽、月、火星、水星、木星、金星の順となります。これが、現在の曜日の順番＝土、日、月、火、水、木、金の起源となっているのです。

この決め方でいえば、実は週のはじめは土曜日になるはずです。ところが、現在使われているカレンダーでは、土曜日ではなく日曜日からはじまるものが多くなっています。これはエジプト人に虐待されていたヘブライ人が、エジプト人が週のはじめとしていた土曜日を、週の終わりに置き換えたという説があります。また、安息日など、その後のキリスト教の影響もあったとされています。

さらに四世紀にローマ皇帝が、キリスト教に基づいて、日曜日を休日と定めたのがはじめともいわれています。いずれにしろ週のはじめが日曜日というのは、特に決まっているわけではなく、カレンダーによっては、月曜日が週の最初に来ているものもあり、どれが正しいというものはないと考えてよいでしょう（実際、日本の法律では、週のはじめの曜日は定められていません）。

この週の概念は、メソポタミアの時代にすでに確立しており、西洋だけでなく、シルクロードを通って東洋にも伝わったため、表現は異なっても同じような概念で七日サイクルが確立していたとされています。

「惑星」の概念の変遷

ところが中世になると、古典的な天動説が破綻をきたしていきます。正確な惑星の位置観測が進むにつれ、惑星の見かけの複雑な動きが、どんなに工夫しても天動説で説明するには難しくなってしまいました。むしろ地球ではなく、太陽を中心に据《す》えるほうが、よりシンプルに世界を表現できました。ポーランドの天文学者　ニコラウス・コペルニクスによる地動説の登場です。ただ、当時の天動説（すなわちキリスト教の教義）を真っ向から否定する理論であり、当初はこれを支持すると公言することさえ憚《はばか》られるほどでした。

しかし、その後、紆余《うよ》曲折の末、地動説は次第に広く認められていきました。同時に、地球は金星と火星の間にある惑星のひとつと認識されるようになりました。月は地球の衛星として位置づけられ、この時点で太陽系の惑星は、太陽をまわる水星、金星、地球、火星、木星、土星の六つとなりました。また、ここに至って、惑星とは、いわゆる星座の間を「惑う星」から、「太陽の周りをまわる天体」という概念が生まれたのです。

一方、天体望遠鏡という技術革新は、この惑星の数を変えることになりました。十八世紀の末になって、イギリスの天文学者ウィリアム・ハーシェルが自作の天体望遠鏡で、土星の外側をまわる新しい惑星を発見したのです。七番目の惑星、天王星《てんのうせい》です。太陽から土星までの距離は、約十五億キロメートル。天王星までの距離は約三十億キロメートルで、太陽系はほぼ二倍に広がったことになります。この発見は、われわれの太陽系にまだ見ぬ彼方の世界があることを示唆していました。

その後、十九世紀になって火星と木星の間に、新しい惑星が見つかりました。ケレスです。すわ、新惑星かと大騒ぎになったのですが、同じ領域に、ケレスのような天体が立て続けに見つかり、またケレス自身も直径が千キロメートル以下と小さかったこともあって、これらは惑星ではなく「小惑星」と呼ばれるようになりました。ここに至って、太陽系の惑星は、「太陽の周りをまわる天体」から「太陽の周りをまわる大きな天体」という概念へ変化したのです。

さらに、新惑星は見つかっていきます。十九世紀になると、天王星の予測位置と実際の位置がどんどんずれてきました。内側にある木星や土星の影響を考慮しても、このずれは説明できません。

そこで浮上したのが未知の惑星の存在仮説です。天王星に大きな影響を及ぼすような未知の惑星が、さらに遠方にあるとすれば、このずれをうまく説明できるかもしれません。この問題に取り組んだのがイギリスの天文学者ジョン・アダムスと、フランスの天文学者アーバイン・ルベリエのふたりです。どちらも、天王星の外側に未知の惑星を仮定することで、天王星のずれを説明できることを見抜き、どこにあるかという予測結果までかなり一致していました。

ルベリエはベルリン天文台のヨハン・ゴットフリート・ガレに、新しい惑星を探すように依頼しました。ガレは、ルベリエからの手紙が届くと、さっそく観測にとりかかりました。そして観測初日の一八四六年九月二十三日夜、ルベリエの新惑星の予測位置である、みずがめ座の観測がはじまりました。この領域は、たまたまベルリン天文台での星図が作成済みの場所だったという幸運もありました。予測位置から、わずか満月ふたつ分ほど離れたところに、星図に記されていない天体が発見されました。八番目の惑星、海王星《かいおうせい》の発見です。望遠鏡の性能向上、星図の整備という偶然も重なってはいましたが、基本的には天体力学の有効性をこれほど証明した事例はありません。なにしろ、天体力学を応用して予測・計算した位置に、ずばりと発見されたからです。

海王星の太陽からの距離は約四十五億キロメートル。この発見により、太陽系はさらに一・五倍に広がったわけです。

冥王星の数奇な運命

海王星の発見以後、さらに遠方に未知の惑星があるのではと捜索が行われました。しかし、その発見には、さらなる技術革新を待たなくてはなりませんでした。それが写真技術でした。写真が天体観測に導入され、天文学者の宇宙を見る方法は大きく変わりました。天体望遠鏡を自らの目でのぞくのではなく、写真乾板《かんぱん》に光を蓄積して、それをルーペで調べるようになったのです。何時間も露出をかけて、乾板上に銀粒子として蓄積することで、よりかすかな光、すなわちより遠くの天体を捉えることが可能となりました。

この写真技術によって発見されたのが冥王星《めいおうせい》です。アメリカの天文学者クライド・トンボーが、一九三〇年に発見した冥王星は、第九惑星とされ、長らく最遠方惑星の座につくことになりました。太陽系の惑星の順番を「水金地火木土天海冥」と覚えていた読者も多いに違いありません。ちなみにディズニーの犬のキャラクターであるプルートや、原子番号九十四番のプルトニウムの命名も、この冥王星（プルート）に由来しています。

こうして、太陽系は再び、冥王星までの六十億キロメートルにまで広がりました。しかし、一言でいえば、冥王星の発見は早すぎました。次なる技術革新である電子撮像技術によって、太陽系の様子も様変わりします。この新しい技術によって、一九九二年に天文学者デビッド・ジューイットらが、冥王星を大きく超える遠方に新しい小惑星を発見しました。「太陽系外縁天体」と呼ばれる一群の発見です。いままでは軌道が決まったものも千個を超えています。

問題なのは、この天体群と冥王星の関係です。よく調べると、冥王星とほとんど類似の軌道を描いているものが多数存在していました。つまり、冥王星は太陽系外縁天体のメンバーだったのです。さらにやっかいなことには、冥王星よりも大きな天体であるエリスが二〇〇三年に発見され、すわ第十惑星か、と大騒ぎになりました。「惑星よりも大きな小惑星」が出現してしまったのです。

天文学者の「国連」である国際天文学連合では、この問題を明確にすべく「惑星定義委員会」を立ち上げました。私はそのメンバーのひとりとなって、惑星をどう定義すべきかの原案作成に携わりました。四苦八苦した末、太陽系に新しく「準惑星」というカテゴリーをつくり、冥王星を準惑星に配置換えしたのです（詳しい経緯は拙著『新しい太陽系』〈新潮新書〉をお読みください）。

こうして、二〇〇六年八月の国際天文学連合総会において、太陽系の惑星は「水金地火木土天海」となり、史上はじめて、それまでは漠然としていた惑星の定義が明確に決められ、同時に、その数が減ったのです。太陽系の天体は、それまで惑星とそれ以外の小惑星などの二分類だったのですが、ここに至って、惑星、準惑星、それ以外の小天体という三分類となりました。この変更で冥王星は惑星ではなくなりましたが、惑星の数が減ったことはあまり強調されるべきではありません。準惑星という新しいカテゴリーが増えたことで、太陽系の多様性がより明らかになった結果なのです。

惑星の概念の変更は、技術革新のたびに人類の宇宙を見る目がよくなっていき、より深く多様な太陽系の天体群が見えてきたことに起因しています。教科書が書き変わってしまう、といった不安や批判もありましたが、むしろ科学の進歩によって教科書などいくらでも変わりうることを示す好例でしょう。そして、今後も太陽系は広がり、深まっていくでしょう。太陽系の果てに未知の天体が発見されるたびに、同じような「新種」が増えていくかもしれません。私たちは実に面白い時代にいるのです。

言の葉 八

正午

時と星のただならぬ関係

言の葉七では、人間が暮らすリズムのうち、「日」より長い単位について紹介しました。惑星を起源とする「週」、地球の衛星の公転周期を起源とする「月」、地球の公転周期である「年」です。ここでは一日よりも短い時間単位について紹介しましょう。日よりも短い「時」「分」「秒」という単位も、実は宇宙と浅からぬ関係があります。

「日」を分割する最も大きな単位が「時」です。現在は、一日を二十四時間として区切っています。しかし、どうして二十四なのでしょうか。数量を数えるのに主に十進法を基準にしている人類にとっては、二十四という数値には理由がありそうなのですが、明確にわかっているわけではありません。

古代エジプトでは、紀元前十四世紀には、すでに一日を二十四に分割していました。まず日の出から日没までの昼の時間帯を十に分けます。ただ実際には日の出前でも、活動ができる程度には明るい。日没後も同じで、これを「薄明」と呼んでいます。詳しくいえば、薄明には「市民薄明（常用薄明）」と「天文薄明」という区別があります。一般的に薄暮の状態下でも、人工的な灯りに頼らず屋外で活動ができる明るさの範囲が、前者の市民薄明です。季節にもよりますが、市民薄明は日の出前、および日の入り後、それぞれ三十分間程度です。例えば、二〇一二年三月二十一日の例だと、東京の日の出は五時四十三分、市民薄明のはじめである夜明けは五時十一分、日の入りは十七時五十四分、市民薄明の終わりである日暮れは十八時二十六分です。天文薄明は、日の出、日没からどちらも一時間半ほどです。灯りのない古代の人々にとっては、市民薄明から天文薄明の間でも、ある程度、夜目が利いたでしょう。

朝と夕の薄明活動の時間をそれぞれ一単位としたため、昼の時間帯は十二に分割されました。十二という数値は、一年間の月の数や、角度を示す上での利便性からも好まれたと考えられます。円周を十等分するのは困難ですが、六等分あるいは十二等分するのは容易だからです。同時に、昼と対をなす夜についても、同じように十二分割するようになりました。これが現在の一日二十四時間の起源とされています。

不定時法に由来する言葉

ただ、この決め方だと、長さの異なる昼と夜とを、それぞれ十二分割しているため、一時間の長さは昼と夜とで違ってきます。また季節によっても変化します。それはかなり不便だったろう、と現代人はついつい思ってしまいます。しかし、実は時刻というものが時計できっちりと計れなかった時代には、お互いに共通して時刻の目安にできるのが太陽の動き、すなわち日の出・日の入りという現象でした。したがって、長さが昼夜で異なっていても、あるいは季節で変化していても、誰もが目撃できる日の出・日の入りを基準とした一日の分割方法のほうが実質的でしたし、実際に世界中で用いられていました。分割された時間単位が、このように季節変化するような方法を「不定時法」と呼んでいます。

日本でも江戸時代までは不定時法が用いられていました。時代小説でもお馴染みのように、子丑寅《ねうしとら》ではじめる干支《えと》の十二支を「刻《こく》」とする十二時辰《じゅうにじしん》として、一日を約二時間ずつに分けて表記しました。基準はやはり太陽です。太陽のある方向が、その方位を示す十二支に充てられています。方位は北の方角を子として、東回りに三十度ずつ十二分割されています。東が卯《う》、南が午《うま》、そして西が酉《とり》です（ちなみに子午線というのは、子と午とを結んだ南北線という意味です）。

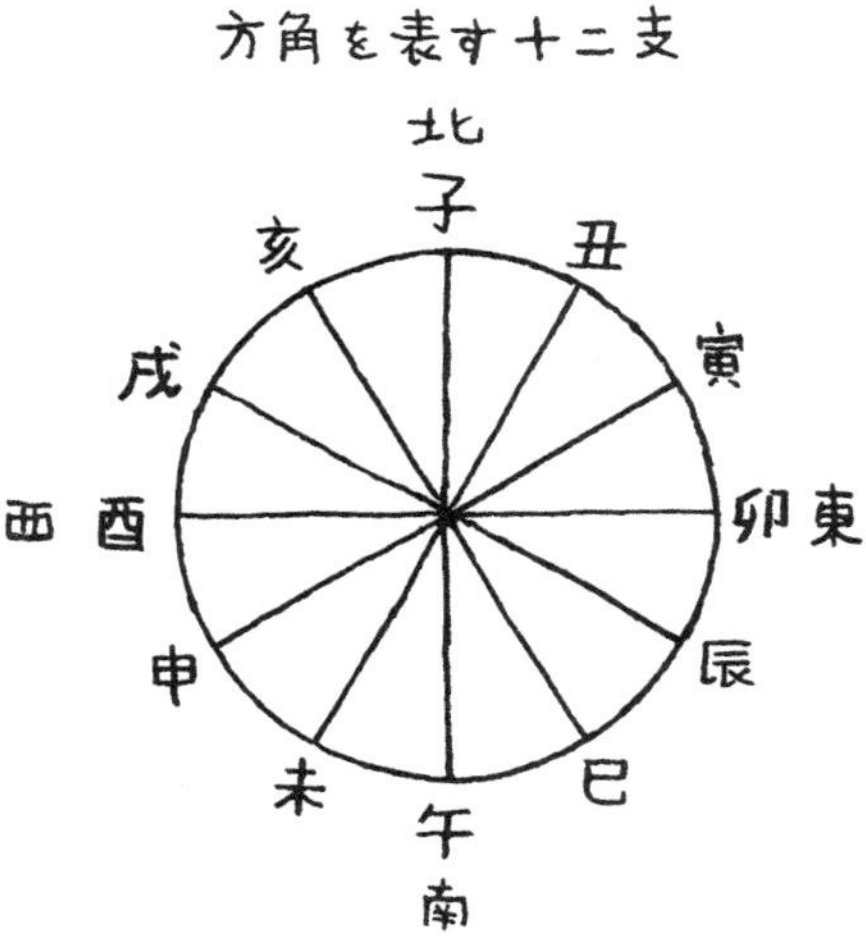

太陽は一日に天球を一周するので、高さはともかく、方向で示すことができます。真夜中の太陽は（地平線下ではありますが）北、つまり子の方角にあり、日の出の時には東、つまり卯の方角です。ちょうど夜の時間の中心、つまり真夜中が干支のはじめの子の刻の中間時刻となります。したがって、子の刻は（季節にもよりますが）、だいたい午後十一時にはじまり、深夜を越えて午前一時までの約二時間です。昼も同じで、午の刻は午前十一時頃にはじまり、午後一時頃までの約二時間となります。それぞれの刻の最初を「初刻」、刻の中間を「正刻」と呼びますが、「午」の刻の正刻が

ちょうど昼の十二時で、これが「正午」という言葉の由来です。そして、子の刻から正午までの時間を「午前」、それ以後を「午後」というようになりました。なお、卯の正刻が日の出、酉の正刻が日の入りに相当します。その間の昼と夜の刻の長さが季節変化するのはいうまでもありません。

ところで、この時法は十二分割なので、やや精度に欠けています。そこで刻を上中下で三分割したり、あるいは四等分して、それぞれの刻の中でひとつ、ふたつ、みっつ、よっつと数えたりしていました。ひとつが三十分ほどの時間となります。

「草木も眠る丑《うし》三つ時」というのは丑の刻の三つ目という意味で、いまでいえば午前二時半から三時あたりの時間帯です。

時の鐘

日本の場合、毎日のように日の出・日の入りが見えるような晴天が続くことはないので時刻がわからない時が出てきます。また、人口が集まり、町ができてくると、時刻を皆に知らせるために、音を使うようになりました。これが時鐘《じしょう》、つまりそれぞれの正刻に鐘を鳴らして知らせる、報時システムです。深夜の正子《しょうし》および正午《しょうご》には九回として、それから刻ごとに一回ずつ鐘を鳴らす回数を減らすようにしていました。これだと、六つの刻（十二時間）を刻んでいくと、鐘の数は四回まで減っていくことになり、三回以下の鐘はないことになります。どうして、こんな面倒なやり方をしたのか、疑問が残るでしょう。もともと陰陽道の計算で、九の倍数を基準としていたから、とされています。最初の一刻は九×一で九、次の刻は九×二で十八という具合です。もちろん、十八回鳴らせばいいのですが、六つ目の刻になると九×六で五十四となり、たたくほうも疲れてしまうし、聞いているほうもわからなくなる。ということで、その一桁目だけ取り出して、九、十八の八、二十七の七としていく方法が採用されたのです。それなら、最初から一、二、三とすればよかったのではと思いますが、回数が少ないと聞こえにくいということもあったのかもしれません。

このようにして、子の正刻から順に九、八と続く時鐘の数は、十二支とは別に時刻を数える言葉として定着するようになっていきました。同じ数値は一日二回現れるので、その不定性を回避するために、数値の前にどの時間帯かを表す漢字をつけて、「暮六

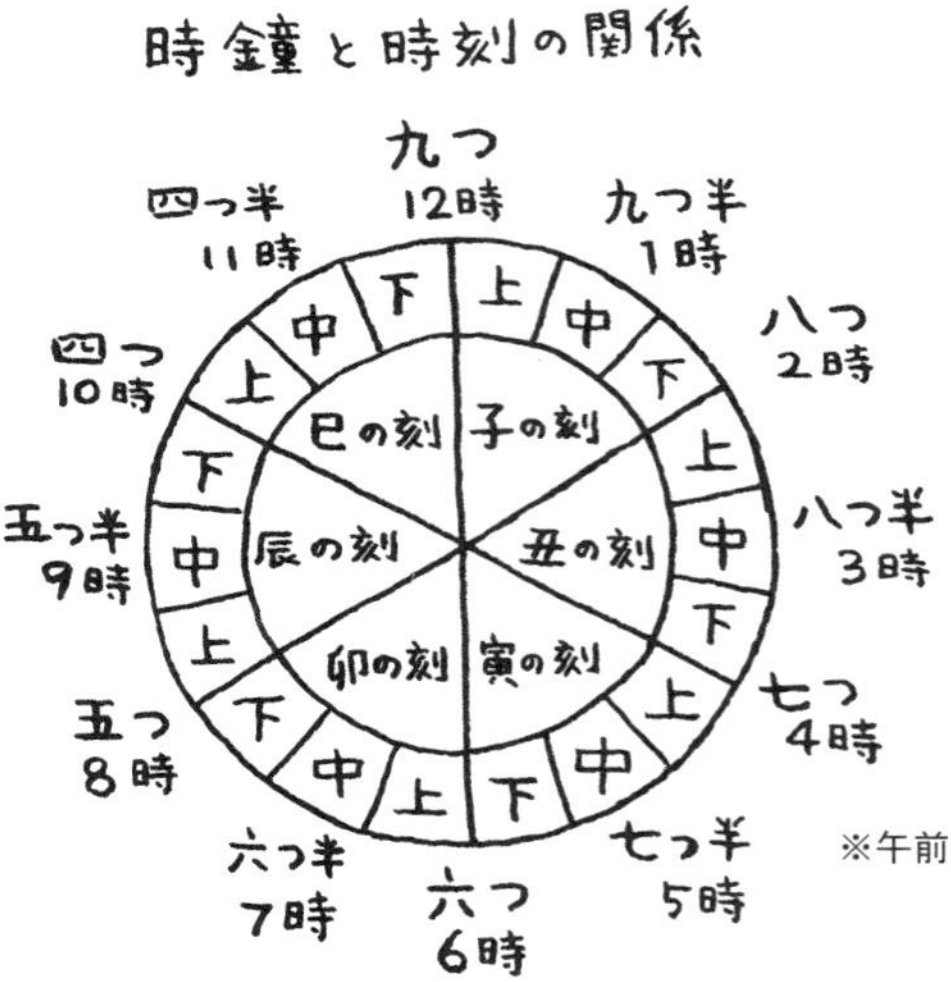

※午前中のみ

つ」「明六つ」あるいは「夜九つ」「昼九つ」などと呼び分けたのです。「おやつ」の語源は、「昼八つ」頃に食べる間食という意味です。

有名な落語「時そば」は、十六文の代金を払う間に、うまく主人に時刻をい言わせることで、一文ごまかすというエピソードからはじまります。これを見ていた男が、同じ手口を使おうとして、前日よりも早めに夜鳴きそばに出かけたがため、一文ごまかすのではなく、四文も余計に払うことになるという落ちがつきます。なぜ早めに繰り出したがために余計に払うことになるのか……。時鐘に由来する刻の数え方が深夜十二時頃を境に夜四つから九つに戻るという特徴を理解していないと、その神髄はわかりません。

時計が右回りである理由

洋の東西を問わず、太陽を基準に一日を十二あるいは二十四に分割していたわけですが、日の出・日の入りだけでなく、太陽の動きそのものを利用して時刻を知ろうという試みが、日時計です。簡単な日時計は、固定された棒さえあればいいものです。棒の影が太陽の動きに連れて動いていくのを利用します。東から昇ったばかりの太陽の影は西に延び、南中過ぎには北向きになって、やがて東へと動きます。この動きに沿って、それぞれの時刻を日時計の文字盤として刻んでおけば、影の方向によって、時刻がわかるという仕組みです。実際には、さまざまな種類の日時計がありますが、基本構造は同じです。

特筆すべきは、日本のような北半球では、棒の影の動きは上から見ると右回りになることです。南半球では逆になるのですが、もともと現在の文化のもととなった文明のほとんどは北半球が起源であり、どの文明でも右回りの日時計がつくられました。機械式の時計が発明されるようになると、日時計の文字盤そのものが採用されたため、現在われわれ人類が用いているアナログ式時計のほとんどは、右回りになっているわけです。

機械時計になると、それまで使っていた「不定時法」を表すのは難しくなります。むしろ、一定のスピードで時を刻む「定時法」が主流になります。精度がよくなってくると、一時間の単位よりも細かな単位を定める必要が出てきます。こうして、時よりも細かい「分」や「秒」が使われるようになります。

これらの単位はすでに古代バビロニアでは定められていました。現在の単位とはいささか異なりますが、時間単位を六十分の一に分ける六十進法を基準としており、一時間を六十分割する prime minute、さらに六十分割する second minute、これをさらに六十分割した third minute や、その次の fourth minute なるものがありました。

ここで、なぜ六十進法なのか、という疑問が湧いてきます。これは円の一周を三百六十度に分割する角度と関係しています。もともと三百六十度というのも太陽の動きに関係しています。古代メソポタミア文明では、長い間の太陽や星の観察から暦をつくり出し、ひとつの月を三十日単位として、これを十二回繰り返すことで、一年三百六十日とする暦をつくり出していました（もちろん、このままだと季節と暦がずれていくので、しばしば閏月を入れて調整していました）。この古代メソポタミアの暦が、一周を三百六十度に分割するもともとの起源となっています。太陽が天球上を進む速度は一日約一度となり、計算も単純です。

さて、この「度」の下の単位が六十進法になった正確な理由はよくわかっていませんが、六十進法は十干十二支という中国の数え方をはじめ、洋の東西を問わず残っています。おそらく時・分を細分する六十進法は十（人間の手指の数）と十二（一年間の月の数）の最小公倍数として便利であると同時に、角度を表す上での数理的な利便性のためといわれています。角度を十進法にしようとした試みもあり、直角を百分割した「グラード」という単位もありますが、普及していません。古代メソポタミアでは、楔形文字《くさびがた》には一から五十九に対応する数字があり、角度だけでなく、通常の計算にも六十進法が用いられていました。六十は二、三、四、五、六……という多くの数の公倍数で、計算、特に割り算に便利だから、という理由もあったと思われますが、このメソポタミアの伝統が時間を細かく分ける時の六十進法の基礎になったのは間違いありません。

われわれが身につけている時計、そして刻んでいる時という単位も、すべて宇宙の天体の運行に深く関わっているのです。

言の葉 九

新星、超新星

必ず見えなくなる星

どんな分野でも、それまで無名だった選手や新人がそれまでの記録を塗り替えたり、頭角を現したりすると、新聞などのメディアで「さっそうと×××界に現れた超新星」、あるいは「新星のように現れた×××」などというフレーズでしばしば報道されます。文字通りにとれば、新しい星、すなわち新しく現れたスターという意味で使われていることが多いようです。ですが、この使い方は、実は天文学的な新星や超新星の実態とは、ほど遠いものなのです。

新星とは何か

夜空を眺めていると星座を形づくる「恒星」とは違った天体を、しばしば目にすることができます。恒星の間を動き回る「惑星」、一瞬のうちに夜空を切り裂く「流星」、尾を引く華麗な姿で夜空を彩りながら動いていく「彗星」。これらは、変化する時間スケールはそれぞれ異なるものの、星座を形づくる恒星に対して、どれもが位置を変えていくことが共通しています。つまり、空間的な変化が伴っています。

ところが、新星はそうではありません。空間的変化は全くありません。新星は、それまで星がなかった場所に、突然輝き出す恒星状の天体です。昔の人にとっては、何も見えないところに、突然星が輝き出すわけですから、新しく生まれた星と考えても不思議はありませんでした。

時間的な変化は、その輝きの度合いにもよりますが、数週間から数か月程度で、再び見えなくなってしまうという特徴があります。新星も超新星も、必ず、見えなくなります。

その意味でいうと、現在われわれが「×××界の新星」などと呼んでいるのは、あまりいい使い方ではないかもしれません。新星として輝く期間は短く、あっという間に見えなくなる、つまり人気も実力もなくなってしまって、世間から忘れ去られる、ということを意味しているように思えるからです（ただ、そこまで考えてしまうのは、天文学者だけかもしれませんが……）。

「新星」という言葉は、十六世紀に生まれたとされています。

デンマーク生まれの天文学者であったティコ・ブラーエが、一五七二年にカシオペヤ座に輝き出した新しい星を詳しく観測し、その記録を『de stella nova』というタイトルで出版しました。このタイトルはラテン語で「新しい星について」という意味で、それ以来、同様の現象を英語では「nova」、日本語では「新星」と呼ぶようになっています。

ブラーエ自身は、自らの観測と、他の土地での観測を比較して、その新星が星座の恒星に対して同じ位置に見えるために、かなり遠くのものであるはずだ、と見抜いていました（ちなみに、彼が観測した新星は、いまでは後述する「超新星」と呼ばれる現象であることがわかっています）。

その後、天文学が進むにつれ、新星というのは、星が新しく生まれているわけではないことがわかってきました。

星は星雲と呼ばれる塵やガスの雲の中から生まれ、ゆっくりと輝き出し、何百万年もかけて周りの雲を吹き払い、やっと宇宙に輝きを放ちます。したがって、人間が見ている間に、その変化がわかるようなタイムスケールで、生まれたばかりの星が急に輝きだすことはありません。

では、新星はいったいどういう現象なのかというと、いわば星が一時的に爆発する現象なのです。

星が輝くもとになっているエネルギーは、主に水素の核融合反応です。水素原子が高温高圧のもとで融合して、くっついてしまい、ヘリウムという原子に変わるのですが、その時わずかに質量が減ります。この減った質量はエネルギーに変化し、熱や光となって星を輝かせています。太陽の内部では、いまでも安定的に核融合反応が起きていて、われわれはその恵みを受けているわけです。

しかし、燃料となる水素がなくなってくると星は老人となり、やがて死んでしまいます。死んだ星は、もはや核融合反応を起こしませんが、もともとの融合反応でつくった重い灰がぎっしりと詰まった芯が残されます。この芯は、いわば火花が出なくなった線香花火の燃え尽きた玉のようなものです。放っておけば、そのまま冷えていきます（とはいっても、冷えるまでに数億十年以上はかかりますが）。

死んだ星として残された芯のことを「白色矮星《はくしょくわいせい》」と呼んでいます。

太陽も、五十億年後にはこのような状態になるとされています。ただ、相方がいる星の場合は、このシナリオが崩れます。

太陽のように星がひとつだけのものは少数派です。たいていは相方の星を伴い、お互いにぐるぐるまわる連星系をなしています。しばしば複数の連星系をなしているものもあります。

こうなると、一方の星が死んでしまっても、相方がまだ元気な場合は、水素燃料が死んだ星へ送り込まれる場合があります。元気な星でも老人になると膨張するので、その水素が白色矮星の上に降り積もっていくのです。

ある一定の量が降り積もると、熱と圧力が臨界に達して、水素の核融合反応が起こります。星の中心で起きる核融合反応と異なり、表面近くで起きるため、上から押さえつけるものがありません。そのため、あっという間に水素が降り積もった表層が爆発して散ってしまうのです。この爆発が新星としての輝きの原因です。

新星は爆発しても、星そのものがなくなってしまうわけではありません。表面を吹き飛ばすだけです。爆発によって相手の星にあまり影響がない場合も多く、時間を置いて、再び同じような新星爆発を起こします。

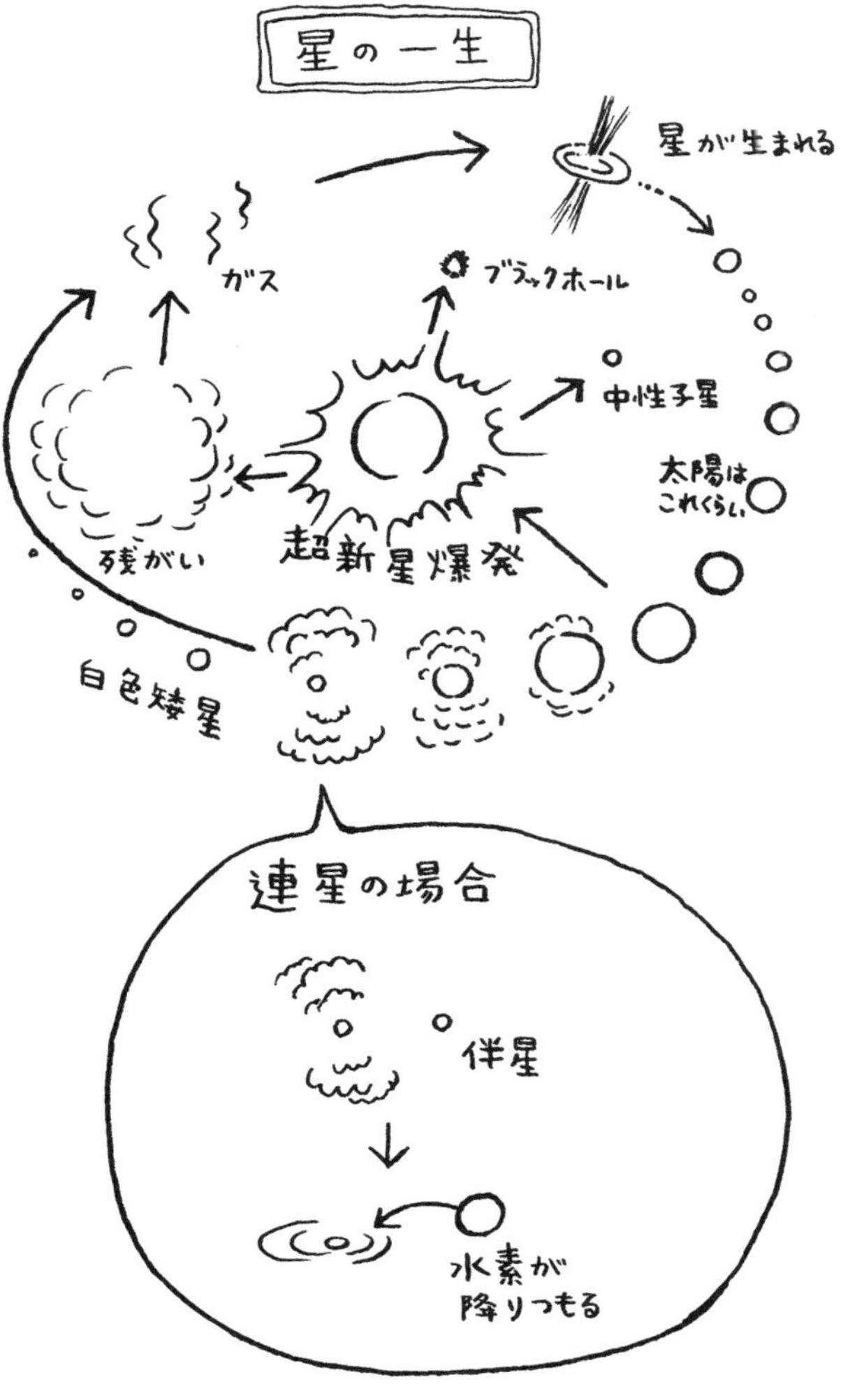
星の一生
星が生まれる
ガス
ブラックホール
中性子星
太陽はこれくらい
残がい
超新星爆発
白色矮星
連星の場合
伴星
水素が降りつもる

特に相方の星がぶよぶよに太っている「赤色巨星」などの場合は、水素の供給量が多く、数十年ほどの間隔で繰り返し新星爆発が起きます。このような新星を「反復新星」あるいは「回帰新星」と呼んでいます。

クルム伊達公子選手が一度引退してから、しばらく後に現役復帰してからの活躍は、まさにテニス界の「回帰新星」といってもいいかもしれませんね。

さらにすごい超新星の輝き

新星のメカニズムが、まだよくわかっていなかった時代においても、その観測例が増えるにつれ、ものによって規模に違いがあるのではないか、と考えられるようになってきました。

きっかけになったのは、十九世紀末にアンドロメダ座の銀河中に出現した新星です。この新星は、距離が遠い割には、とても明るかったのです。したがって、それまで知られていた新星とは異なる、さらに明るいものが存在すると考えられるようになり、新星を超えるという意味でスーパーノヴァ（super-nova）と命名されました。これが「超新星」です。超新星の極大時の明るさは、太陽の千億個分もの輝きに相当します。

ただ、一般社会の言葉としては、新星と同じように使われることが多いようです。韓国の六人組男性ヴォーカル・ダンスグループの名前としても使われています。

天文学的には、超新星は新星とは全く異なる現象であることがわかっています。新星爆発の場合は、白色矮星は少し質量が増えるものの、そのまま残ってしまうのですが、超新星の爆発は、基本的に星の最期といってもいいでしょう。

いろいろなタイプの超新星がありますが、簡単にいえば、太陽の四倍よりも重い星の場合、星の中心で核融合反応がどんどん進んでしまい、暴走の果てに大爆発するのです。太陽の約八倍までの星の場合には、爆発後は星は雲散霧消して、何も残りません。それよりも重いと、中心には中性子だけでできた中性子星や、しばしばブラックホールが残ってしまいます。

われわれの銀河系には、この超新星爆発は数百年に一度しか出現しないのですが、私たちの先人たちは、その記録を残しています。有名なのは藤原定家でしょう。彼は一二三〇年に出現した客星《かくせい》(当時は、新星や超新星、あるいはしばしば彗星なども、一般に客星と呼んでいました）に驚き、『明月記』に記録を残しているのですが、さらに古い記録も書き残しています。特に天文学的に重要なのが、一〇五四年に出現した客星の記録です。

「後冷泉院《ごれいぜいい》・天喜《てんぎ》二年四月中旬以後の丑の時、客星觜《し》・参《しん》の度に出づ。東方に見《あら》わる。天関星に孛《はい》す。大きさ歳星《さいせい》の如し。」

つまり、一〇五四年の四月中旬、客星が、オリオン座（觜・参）の東に現れた。おうし座ゼエタ星（天関星）付近で、明るさは木星（歳星）ほどだった、ということです。ただ、四月だとおうし座は太陽に近く、見えないので、おそらく四月ではなく、五月の間違いであるとされています。中国の記録では、この客星は二十三日間は昼間でも見え、二十二か月後に見えなくなったとされています。それほど明るかったということでしょう。

この記録を英文で紹介したのが、日本のアマチュア天文家でした。当時、このあたりには「かに星雲」という特異な星雲が知られていて、これが超新星爆発の残骸であることが、この記録によって明らかになったのです。古記録と最先端天文学が結びついた好例でした。

面白いことに、この超新星の観測記録はヨーロッパには残されていません。アジアとアラビア圏だけなのですが、一説にはキリスト教の強い思想の影響で、誰もが天界の異変に見て見ぬふりをしたのではないか、ともいわれています。

最近の例では、一九八七年、銀河系のそばにあって、小さな銀河である大マゼラン銀河に超新星が出現しました。超新星爆発は大量のニュートリノ（素粒子のひとつ）を放射し、それがちょうど稼働中であった岐阜県の神岡《かみおか》鉱山に設置されたニュートリノ観測装置「カミオカンデ」で観測され、小柴昌俊氏がノーベル物理学賞に輝きました。まさに超新星によって、学術的に快挙を成し遂げたわけです。

かに星雲の超新星といい、大マゼラン銀河の超新星といい、どちらも日本がリードしたことは誇りです。

さらに上をいく極超新星

最近、この超新星よりもすごい爆発現象があることがわかってきました。通常の超新星の爆発規模よりも一桁大きいらしいのです。スーパーよりすごいので、ハイパーを用いて、「ハイパーノヴァ(hyper-nova)」、日本語では「極超新星」と呼んでいます。

冷戦時代、アメリカは核実験で放射されるガンマ線(放射線の一種ですが、一般に天文学では、X線よりも波長の短い電磁波をまとめてガンマ線と呼んでいます)を監視するために人工衛星を打ち上げていました。

ところが、地球からではなく、しばしば宇宙から強いガンマ線がやってくることがわかりました。それもほんの数秒とか数十秒という短さでした。

この現象は「ガンマ線バースト」と呼ばれています。宇宙で、そのようなガンマ線を短時間に放射する天体もメカニズムも知られていなかったので、これはひょっとするとどこかの知的生命体が、全面核戦争に陥った結果なのではないか、などと解釈されたこともあるほどです。

しかし、よく調べてみると、銀河系ではなく、宇宙の非常に遠方からやってきていることがわかりました。こうなると全面核戦争というにはエネルギーが足りず、説明ができません。そうこうしているうちに、どうやら特殊な超新星爆発が、ガンマ線バーストの原因のひとつであることがわかってきたのです。

超新星爆発は必ずしも球対称とは限りません。恒星は自転しているので、赤道方向と極方向とでは、性質が異なります。どうやら、爆発によって加速されるガンマ線が極方向に射出されるようです。

したがって、地球がその恒星の極方向にある時にのみ、強烈なガンマ線を浴びることになります。この事実を解明した以上に、ガンマ線バーストと極超新星との関係を決定づけたのは、日本のすばる望遠鏡（ハワイ島）による観測でした。

現在では、太陽の四十倍以上の非常に重い星が、その一生を終える時に極超新星になり、それを極方向から見た時にガンマ線バーストになると考えられています。しかし、ガンマ線バーストのすべてが極超新星の爆発では説明できないとも考えられています。まだまだ原因がよくわからない、極超新星では説明できないガンマ線バーストもあるからです。宇宙はまだまだ謎に満ちています。

ところで、「極超新星」というのは、まだ一般に知られていないせいか、さすがに通常使う言葉の中で使われた例を見たことがありません。そのうちに使われるようになるのかもしれませんね……。

言の葉 十

宇宙人

天文学者はマジメに探している

宇宙に関する話題について講演をすると、その話の後に質疑応答の時間が設けられることが多くあります。その際、必ず聞かれる定番の質問が「宇宙人はいるのか」です。この質問をする方の年齢は子どもからお年寄りまで、とても幅広いのです。それだけ、多くの人が人類以外の宇宙人、あるいは知的生命体に魅力を感じるのでしょう。ＳＦ小説や映画だけでなく、少し怪しげな雑誌などにも宇宙人の存在が描かれることも多く、それだけ多くの人の中で定着している宇宙の言の葉です。

私は、この質問を受けると、必ず「そりゃ、いますよ」と即座に答えるようにしています。おそらく天文学者のほとんどは、同じ答えを返すでしょう。すると、聴衆の皆さんの多くが一瞬、驚かれます。天文学者がどうして、それほど楽観論者なのでしょうか。それは、これまで宇宙を解明してきた成果に深く関係しています。

生命の材料

まず、生物をつくっている材料を考えてみます。これは生物学者や化学者の役割ですが、その研究によって地球の生物は水素、炭素、酸素、窒素といった、いわゆる有機物を構成する元素でできていることがわかってきました。アミノ酸そしてタンパク質も、もとをただせばこうした物質が大部分です。この材料は、地球だけに特別なのだろうかというと、どうもそうではないらしいです。ここからが天文学者の仕事ですが、宇宙を眺めてみると、こうした物質はどこにでも存在することがわかってきました。

生命の材料のうち、水素は宇宙初期に大量につくられました。その水素が集まって太陽のような恒星になり、窒素、炭素、酸素などは、恒星の中で「核融合」によって合成されていることがわかってきました。恒星は「核融合反応」を起こして光り輝くのですが、その反応の結果、生まれたのがヘリウムや、炭素、窒素、酸素といった元素なのです。こうしてできた様々な元素は恒星が死ぬ時に、爆発的な現象（前の章で紹介した超新星爆発など）によって宇宙にばらまかれます。こうして宇宙には、生命の材料がどこにでも、大量に存在しているのです。

そんな中で、次の世代の新しい星が生まれる時、このような水素以外の元素も取り込まれます。星の周りに生まれる惑星にも降り積もり、それが生命の材料になるのです。太陽系が生まれたのは、約四十六億年前。つまり、それよりも以前に寿命を全うした星たちの中でつくられた様々な元素が、太陽系が生まれる時に取り込まれ、その周りで生まれた地球などの惑星にも降り注いだのです。

生命を育む水と環境

生命に必要な材料は、宇宙のどこにでもあることがわかってきましたが、それらを育むとされているのが、水です。水は、水素と酸素が結びついた物質なので、宇宙にもふんだんに存在しています。時々、地球に近づいて、華々しい尾をたなびかせる（言の葉五に紹介した）彗星も、主成分は水です。

水は宇宙空間では固体の氷になっています。彗星も、太陽に近づき融けるまでは氷なのです。宇宙の大部分は冷たい、マイナス二百七十度に近い世界。水だけでなく、生命の材料も含めて、ほとんどの物質は凍りついています。そのままでは、材料があっても、それらが結びついて、生命が発生するのは難しそうです。

水があっても、それが液体になるには特殊な条件が必要です。寒すぎても凍ってしまうし、熱いと蒸発してしまいます。実際、太陽系で地球のひとつ内側の惑星・金星では、表面が四百七十度と熱すぎて、水はすべて蒸発し、なくなってしまいました。ひとつ外側の惑星・火星は、マイナス数十度と寒すぎて、また大気も薄いこともあって、残っている水は地下で凍ってしまっています。その意味では、地球は水が液体になる理想的な条件を備えています。太陽からの距離が適切だからです。地球のように水がその表面で液体になれる領域は限られてきます。こういった領域を「生命居住可能領域（ハビタブルゾーン）」と呼んでいます。

では、太陽系以外に、地球のような惑星はあるのでしょうか。ここ二十年間、他の恒星の周りにどんどん惑星が発見されてきて、すでにその数は七百個を超えています。ほとんどの惑星は間接的に見つかっているので、ひとつひとつどんな惑星かを調べることはできませんが、中心の恒星からどのくらい離れたところにあるのか、そしてどのくらいの大きさなのかは見当がつきます。

太陽に相当する中心の恒星は、太陽よりも熱い恒星もあれば、低温の恒星もあります。熱ければ、ハビタブルゾーンは遠くになり、低温なら近くなります。中心の恒星ごとのハビタブルゾーンを計算し、その周りの惑星が、その領域中にあるかどうかを調べてみると、確かに地球のような水の惑星だろう、と考えられる例が見つかりはじめています。太陽系から二十光年ほどの、てんびん座のグリーゼ581には複数の惑星が見つかっており、そのひとつが地球に似た惑星だと考えられています。ただ、地球は惑星の中では小さい部類なので、最新の技術を駆使しても、検出できる限界に近いので数多く見つかっているわけではありません。

とはいっても、その割合を考えると莫大な数となります。七百個のうちの二個としても、それは〇・三パーセントです。もっと悲観的に考えても、〇・一パーセント程度はあるでしょう。

これは少ないように思われますが、決してそうではありません。というのも、この銀河系だけでも恒星の数は一千億個と考えられており、そのうちの〇・一パーセントというのは、数にして一億個に達します。つまり、銀河系だけで、一億個の地球があるはずなのです。こう考えれば、われわれ以外に生命が発生するのに適した場所があるのは当然と考えられるでしょう。

生命発生は簡単なのか？

地球のような「水の惑星」はたくさんありそうです。では、水が存在すれば、生命は容易に発生するのでしょうか。この疑問に答えるのは簡単ではありません。生命はどのように発生するのかがわかっていないからです。地球の場合は、地球ができてから八億年ほどで最初の生命が発生していますが、果たして生命発生は条件さえ整えば容易なのか、まだわかりません。

この謎に迫るには、太陽系の中に絶好の研究フィールドがあります。お隣の惑星・火星です。火星には、液体の水が存在せず、生命の痕跡も発見されていません。しかし、これまでの探査によって、表面に川のような地形が残されていることがわかっています。火星にはかつて地球と同様に、かなり長い期間、海があったと考えられているのです。今後の火星探査によって、過去の火星の海が持続した時間や、その間に生命が生まれたかどうかが解明されれば、生命はどの程度、発生しやすいかわかるはずです。

そうはいっても、生命発生はなかなか難しいのかもしれません。たとえ、そういう結果が出たとしても、まだ天文学者は楽観的です。地球のように、少なくとも八億年程度、海が持続すればよいからです。

地球で海が八億年ほど持続し、生命が生まれたのは紛れもない事実だから、他の地球のような水の惑星でも同じでしょう。

銀河系に一億個ある地球のような惑星のうち、その大部分は、中心にある太陽のような恒星が数十億年は安定していると考えられています。仮に、一億個の〇・一パーセント程度と極めて悲観的に見積もっても、その数は、まだ十万個です。天文学者が宇宙に生命が満ちあふれている、と考えるのは納得してもらえるでしょう。

生命は進化して、必ず文明を持つのか？

では、発生した生命は、どこでも進化して、われわれ人類のように文明を持つのでしょうか。この問いに対する確たる答えはまだない、といってよいでしょう。発生した生命は、おそらくそれぞれの環境に適応しながら進化することは間違いないでしょう。ただ、その進化の途中で、人類のように知的生命になりうるか、というと、それは必然ではありません。それに進化の行き着く果てはどこなのか、という答えもわかりません。

私たちの繁栄も必然でないことは確かです。私たちの前に繁栄を極めていた恐竜という種族は、約六千五百万年前に天体衝突によって短期間のうちに滅びました。その結果、その影におびえて暮らしていたほ乳類が繁栄を極めはじめ、その一部が二足歩行をはじめて、現在に至ったわけです。その意味では、恐竜が滅びなかったらどうなっていたか、よくわからないのです。

このことを考えれば、人類もまた、進化の最終形ではないことがわかります。地球の生命は進化の途上にあり、その過程にあるわけです。そして、ほ乳類も恐竜と同じようにいつかは滅んでいくはずです。食物連鎖の頂点に立ってしまうと、どうしても環境変化に左右されやすくなるからです。恐竜も、頂点に立ってしまったからこそ、天体衝突による急激な環境変化に耐えられなかったのでしょう。

逆に、昆虫などの種族は、こうした連鎖の中間層に留まっていたために、約六千五百万年前の大絶滅を乗り越えることができたのです。自分の種を永く繁栄させることが生命にとって至上命題だとすれば、昆虫は頂点に立たない戦略をとることで、成功している例といえます。その意味では、恐竜やほ乳類よりも賢い、とも評価できるのです。

人類が滅んだ後に繁栄していく種族は、いったい何になるのでしょうか。そして、それらも人類と同様に知性を持ちうるのでしょうか。答えは、全く未知数です。宇宙に生命は満ちあふれていても、人間のような知的生命はそれほど存在しないかもしれません。

まじめな宇宙人探し

しかし、ここに至っても天文学者は楽観的です。生命を持つ地球が十万個あれば、どこかには生命が進化し、知的文明が存在するはずだと思うからです。なにしろ、地球は宇宙の中で決して特別な場所ではありません。地球で起こっていることは、条件さえ整えば、宇宙のどこにでも起こると信じているからです（私たちは宇宙の中で孤独ではないことを信じたいのかもしれませんが）。

フランク・ドレークという天文学者は、どこかの知的文明とわれわれが接触を持つ確率について、一九六一年に「ドレークの方程式」というものを編み出しました。接触可能な知的生命体の文明の数が七つの要素（毎年生まれる星の数、惑星を持つ星の存在比、生命存在に適した惑星の比率、生命発生の確率、知的生命にまで進化する比率、交信能力を持ち実行できる文明の比率、技術文明の平均寿命）の掛け合わせで決まるという式です。天文学の進歩により、前半の要素は推定されつつありますが、後半の未知数……生命発生の容易さや知的文明の発生確率などの生物学（社会学）的な条件が明確ではないのは前述の通りです。そして、この接触確率を最も左右するのが文明の寿命です。文明が早く滅亡する運命ならば、接触どころではないでしょう。われわれでさえ、通信手段を持ってからまだ百年ほど。宇宙的にはごくわずかな時間しか経過していないのです。

それでも天文学者は楽観的です。宇宙人を探すために、電波望遠鏡を用いた知的生命探査計画も実施されています。その中心となるのが中米プエルトリコにあるアレシボ電波望遠鏡です。電波による天体観測の合間に得られた電波をすべて記録し、その中から人工的な電波を探そうという試みがなされています。データが膨大なので、世界中のインターネットでつながったパソコンを利用して解析を進める「SETI@home」というプロジェクトが行われ、数百万人という一般の人が参加しています。

聞き耳を立てるだけではなく、こちらから手紙を送る試みもなされています。一九七四年には、三十万個の星が集まった球状星団M13に向け、宇宙人あての手紙が送られました。信号を横二十三、縦七十三のます目にならべると、DNAの二重らせんや、地球人の形、電波望遠鏡などのパターンになるように工夫されています。ただ、われわれの電波がM13に届くのに二万年、運よく、返事が来るとしても約四万年後です。

宇宙人。それは、おそらくどこかにいることでしょう（知的生命がわれわれと同じような姿形をしているとは限りませんが、一応、宇宙人と呼ぶことにしておきましょう）。接触が可能かどうかはわかりませんが、楽観主義の天文学者がまじめに試みているのは確かです。もしかすると宇宙生命や宇宙人の存在がわかる日も遠くないかもしれません。

言の葉 十一

ＵＦＯ

宇宙人の乗り物…？

前の言の葉十で宇宙人の話を紹介しましたが、それをお読みになった方は、「宇宙人は必ずいる」という天文学者の楽観論に、かなり賛同してくれているのではないかと思います。講演会でも、同じような話をするのですが、説明にもおのずと限界があります。「宇宙人がいるなら、やはりＵＦＯもあるのですね」と聞かれることが多いのです。「宇宙人＝ＵＦＯ」と単純に結びついているのですね。

再度、前の話を一言でまとめておきましょう。天文学者のほとんどは、この宇宙のどこかに人類と同じように進化して文明を持つ生命がいると信じています。しかし、これはＵＦＯとは直接結びついてはいません。

ＵＦＯとは何か？

まず、ＵＦＯを定義しておきましょう。ＳＦ小説や映画などで知的生命体、いわゆる宇宙人の乗り物として登場するので、そういった固定観念があるのかもしれません。しかし、もともとは、「Unidentified Flying Object」、日本語に訳せば「未確認飛行物体」という意味です。つまりＵＦＯという言葉そのものは、宇宙人どころか、宇宙とさえなんの関係もありません。空を飛んでいるものが、なんだかわからない時には、すべてＵＦＯなのです。

例えば、読者の皆さんが、ふと空を見上げた時、よくわからない飛行物体を目撃したとしましょう。その人にとってわからないのだから、これは即、その人にとってはＵＦＯになります。世の中にＵＦＯ目撃談が多いのは、この定義ゆえです。

ＵＦＯには面白い統計があります。空を眺めることが多い人ほど、ＵＦＯを見る例が少なくなるのです。現在の天文学者はあまり夜空を見上げることは少ないのですが、アマチュア天文家、例えば新しい天体を見つけようと、毎夜のように夜空を見上げている人がいます。流星の観測家の中には、晴れれば毎晩のように流星出現を監視するため、夜空を観察している人たちがいます。こういった人の夜空を眺めている時間は、一般の人に比べると桁違いに多いのです。一日二～三時間、晴れた日が一年に百日あるとすれば、一年に二百～三百時間もの間、夜空を眺めていることになります。そして、そういった人に限って、ＵＦＯを見たことがあるという人は皆無なのです。

一方、一般の方の中でも、この反比例関係は成り立ちます。夜空をほとんど眺めたことがない人ほど、ＵＦＯを見たと主張することが多くあります。国立天文台にも、しばしば「ＵＦＯを見たのですが」という問い合わせが寄せられますが、お話を聞いてみると、ほとんどが空を眺めた経験がない方ばかりです。

理由は簡単です。

いろいろな飛行物体を眺めた時、経験が豊かなアマチュア天文家の方々は、その物体が何かを瞬時に判断することができます。つまり、豊富な経験によって「未確認」になりようがありません。

一方、その物体が何かを判断できない、経験が浅い方々にとって、それはＵＦＯになってしまうのです。ＵＦＯ目撃談のほとんどは、経験豊かなアマチュア天文家が隣にいれば、説明可能な物体あるいは現象です。

アメリカ空軍は、かつてＵＦＯに関して調査を行いましたが、総件数一万件のうち、九十六パーセントは説明がつくものであり、残りについても宇宙からやって来た飛行物体である証拠はないと結論づけています。

何がＵＦＯにされてしまうのか？

昼の空でＵＦＯとされてしまうのは、放球された観測気球であったり、誤って子どもの手を離れた風船であったり、あるいは特異な雲であったりします。夕方の空で間違えられる例が多いのは、西の地平線に沈んだ太陽の光が照射している飛行機雲です。この誤認例は圧倒的に多いのです。

飛行機雲は、上層大気の状態によって、異なる様相を示します。飛行機が飛んだ後にできない場合もあれば、長く残って、直線状の雲になる場合もあります。やっかいなのは、その中間、つまり飛行機雲ができた後、少しの時間で消えていくような場合です。そうすると飛行機の後ろにある一定の長さの雲がついていくように見えます。近くなら、飛行機も雲も認識できるので間違えることはありませんが、地平線に近い、つまり観察者から遠方になると、飛行機本体が見えなくなるので、一定の長さの雲が動いていくようにに見えます。こうなると双眼鏡を用いても、すぐにはなんだかわかりません。

こういう状態の飛行機雲が日没後の西空にあると、さらに面白いことになります。雲が太陽の光を受けてぎらぎら光るために、「細長い光ったＵＦＯ」ができ上がるのです。

目撃した人は、日没後の上空ではまだ太陽の光が届いていることに思い至らないことが多いので、大騒ぎするわけです。関東地方では、低空までよく晴れ渡った冬の夕方に、西日本に向かう飛行機での誤認例が多くあります。

夜になるとＵＦＯの種類はさらに増えます。まずは星です。金星のように明るい星が輝いているだけでＵＦＯになります。たまたま金星が山の端に沈もうとしていると、着陸するＵＦＯとなります。雲などが速く流れていると、向こう側で輝いている星が動いているように錯覚しますが、これもＵＦＯになることがあります。こうした誤認は満天の星が見えるところではあまり起こりません。さらに言の葉七で紹介した流星もそうです。都会にいると、ほとんど眺めることがないこともあって、たまたま目にするとなんだか理解できず、ＵＦＯになるのでしょう。

人工物としては地球の周りをまわっている人工衛星があります。しばしば太陽の光を反射して光って見えるし、流星に比べても、その動き方は飛行機に近く、かなりゆっくりです。見えている時間も、通常は数十秒から数分で、特に国際宇宙ステーションが日本上空を通過する時は、数分間にわたって金星よりも明るく光りながら夜空を動いていきます。このような場合はあまり誤認されません。

しかし、一般に人工衛星は姿勢を保つために回転しています。そのため、しばしば問題を引き起こします。例えば太陽光電池パネルなど、ぴかぴか光る面が、ちょうど太陽光を反射する姿勢になると、突然ぴかっと明るく光るからです。代表的なのは通信に使われているイリジウム衛星群で、「イリジウム・フラッシュ」と呼ばれます。全く何もない星空に、数秒間だけ明るく光るため、これを目撃した人の多くがなんだか理解できません。

天文関係の人でも悩む現象があります。夜間に飛ぶ渡り鳥です。「月に雁」などの絵でも有名ですが、月夜に限らず、渡り鳥はかなり高い空を飛んでいます。肉眼で観察していても、なかなかよくわかりません。私自身も大学生の頃、夜空を飛んでいく渡り鳥の群れに、それまで見たことのない飛行物体として、驚いた覚えがあります。即座に双眼鏡を向け、編隊を組んで夜空を飛ぶ渡り鳥であることを確認しました。鳥の姿に地上の光がかすかに反射し、不思議な雲状の物体がふんわりと飛んでいくように見えたのです。双眼鏡を向けなければ、未確認のまま終わっていたかもしれません。

他にも極めて珍しいものとしては、大気中のプラズマ現象なども挙げられるでしょう。「球雷」といって、球状の塊がふわふわ浮いていることがあります。私の先輩が、国立天文台の三鷹キャンパス内で、この球雷を目撃したそうです（さすがに科学者なので、UFOとは考えなかったそうですが……）。

なぜ人はUFOを見たがるのか？

UFO目撃例は、以上のようにほとんどが説明できてしまいます。しかし、国立天文台に問い合わせてきた人が、「答え」を求めているとは限りません。丁寧に説明しても、「いや、そんなことはない。私が見たものは、そんなふうに簡単に説明ができるものではない。UFOに違いない」といい出すことがしばしばです。こちらは状況証拠から、ほとんど正体を見破っているのですが、いい争っても仕方ないので、「あくまで可能性としてですが」と付け加えたりします。専門家に問い合わせてきて、その説明に納得しないのであれば、最初から問い合わせてくるなといってやりたくもなるのですが、落ち着いて考えると、もともと彼らは「答え」を求めているのではないことがわかります。

これにはいくつか理由があるでしょう。まず、人間は皆そうだと思うのですが、「自分だけは」と思いがちです。自分だけは災害で死ぬことはないだろう、自分だけは事故に遭わないだろう、自分だけは……。そして、自分の見たものだけは説明がつかない特別なものだ、と思ってしまうのではないでしょうか。

ただ、そうなると人に自慢したくなります。伝えたくなります。周りの人もすぐには信じないでしょうから、国立天文台に「知らせてくる」わけです。すでに、その頃には客観的にＵＦＯではないという証拠になる目撃情報が記憶から消し去られています（人間の記憶は自分に都合のよいように変容します）。こうなるとどんなに論理的に説明しようと、納得してもらうのは不可能なのです。エセ科学的な思考に支配された頭では、ひとつの宗教をやみくもに信じ込むのと同じく、聞く耳を持ちません。

もともとエセ科学の題材には、天文学がカバーすべき領域のものが多いのです。これは宇宙が最も雄大で（空間スケールが大きく）、悠久で（時間スケールが長く）、人知を超えた何かがあると思い込みやすい領域だからでしょう。昔は幽霊や妖怪だったものが、科学技術が進んだ現代において、一見科学的な仮面をかぶって、宇宙人やＵＦＯなどに姿を変えているに過ぎません。

なぜＵＦＯは宇宙人の乗り物ではないのか？

宇宙人の存在に楽観的な天文学者ではありますが、ことＵＦＯに関しては、まず宇宙人の乗り物であるとは思っていません。たくさんの文明が、この宇宙に存在することは間違いないでしょうが、その文明間を移動することはほぼ不可能です。宇宙は広いからです。太陽から最も近い星までの距離は、約四・二光年。光でさえも四年もかかります。実際にはほとんど到達不可能な距離で、時速三万キロメートルほどのロケットでさえ、十五万年もかかります。人間の寿命が百年としても、千五百世代を経なくては到達できません。たとえていえば、東京湾岸に住む蟹が、自力で太平洋を越え、ロサンゼルス湾に向かおうとするほど無謀なことです。

付け加えるなら、これは最も楽観的な距離なのです。お隣の星に文明があるほど宇宙は都合よくできていないでしょう。確率的にも、地球のような惑星があり、そして文明を持つ恒星は、もっと遠くにあるはずです。技術が進めばさらに高速の宇宙船ができるかもしれませんが、どうやっても光の速度は超えることができないので、実際問題、往復には十年以上もの時間がかかります。太陽光もない中で、自給自足をしながら隣の星へ行ってみるなどというのは、到底無理な話です。まともな知的生命体であれば、それほどの危険を冒してまで、行こうとは思わないはずです。このように、論理的に考えれば、ＵＦＯは宇宙人の乗り物ではないことがわかるのです。

もちろん、それでも信じるのは自由です。私は科学者ながら、宗教にはかなり寛容なので、信じることで精神的に救われるなら（自らの信仰を他人に押しつけたり、反社会的にならない限りは）、それでよいと思うし、どこかに信じたい気持ちがあることは否定しません。

数年前の自民党政権時代、国会でＵＦＯに関する答弁が行われたことがあります。地球外から飛来してきたと思われる飛行物体については、その存在を確認していないし、研究も飛来した場合の対策も行っていないという、まともな答弁でした。しかし、かつて文部科学大臣も務めた政治家が、定例記者会見で、政府答弁とは別に、「私は個人的には、こういうものは絶対いると思っております」と答えたことが話題になりました。

日本の政治家のクオリティの低さを垣間見た気がして、社会をリードしていく政治家には、せめて論理的思考を求めたいものだとは思ったのですが、一方でこの発言は意外にも好意的に報道されていたのです。これは、どこかに未知なもの、不思議なものが残っていてほしいという、みんなの気持ちの表れなのかもしれません。

言の葉 十二

ブラックホール

すべてを飲み込む
宇宙の「特異点」

ブラックホール。

天体の名称の中でも、特に知名度が高いものです。

名前そのものは、黒（ブラック）と穴（ホール）との単純な組み合わせとして、十八世紀には牢屋《ろうや》や監獄のような場所を示す意味で使われていました。

十九世紀に宇宙に浮かぶ天体として命名されるや、何でも吸い込んでしまいそうな恐ろしさを感じさせる言の葉に変化し、聞く人に様々な想像を引き起こさせるにあまりあります。

その恐怖感を示す言葉として、「この路地裏はブラックホールのように深い」とか、強烈なけん引力を示す言葉としては、「ブラックホールのような魔力を持つ○○」、あるいは「強烈な好奇心は、ブラックホールかよ！というくらい対象物やその周りを吸い込んでいきます」（武田双雲さんのブログ「書の力」）などと使われています。また、その知名度の高さから、漫画『キン肉マン』のキャラクターや、映画の題名にも登場しています。

ブラックホールとは何か

そもそもブラックホールとはどういう天体なのかを、まずは説明しましょう。その語源は、重力があまりに強く、光さえも脱出できないために光っていない、すなわち「黒い」という事実に由来しています。そういった天体が存在しうることは、単純な思考実験で類推できます。

例えば、地球をロケットで脱出することを考えてみましょう。

地球の重力を振り切って宇宙に飛び出すには、いわゆる脱出速度と呼ばれる、秒速約十一キロメートルの速度が必要です。脱出速度は、天体が重いほど、また同じ重さならば天体の半径が小さいほど大きくなります。

例えば地球をぎゅっと縮めて、半径六ミリメートル程度にまで小さくしたとします。すると、そこから脱出するために必要な速度は秒速三十万キロメートルとなります。これはちょうど光の速度です。

現在の物理学では光の速度はどんなものも超えられないので、光を含めてあらゆる物質がそこから抜け出してくることができない、ということになります。

そう、ブラックホールは一度そこにはいったら二度とは戻れない、空間における底なしの穴なのです。

ブラックホールの発見

さて、問題は、このようなブラックホールになるほどの強い重力を生むような天体が存在しうるかです。太陽のような恒星は、酸素や炭素を中心にためていき、やがて寿命を迎えて白色矮星になります。

例えば、冬に見える、おおいぬ座の一等星シリウスの周りをまわっている伴星シリウスB。これは白色矮星で、半径が太陽の百分の一程度なのに、その重さは太陽ほどもあり、密度は一立方センチメートルあたり一トンを超えてしまいます。炭素などがぎっしりと詰め込まれているのです。

さらに重い星では、もっとぎゅうぎゅう詰めになります。「言の葉九　新星、超新星」でも紹介したように、もっと重い星では、鉄などの重い元素がどんどんつぶれて、最後に大爆発をして、一立方センチメートルあたり一億トンを超えるような、中性子だけからなる星をつくることがあります。炭素や酸素ということではなく、元素の原子核がすべて中性子に変わってしまったものです。

おうし座のかに星雲の中心にあるのは、いまから九百五十年ほど前にできたばかりの中性子星の例です。中性子星では、物質がぎゅうぎゅうに押し込められ、辛うじて中性子同士の押し合う圧力で、自らの強力な重力とバランスを保っています。

しかし、この中性子の圧力で支えられる重力にも限界があります。この限界を超えてしまうと、その重力をくい止めることはどんな物質を持ってきても不可能です。ほとんど無限に収縮して、ついに底なし沼のブラックホールが誕生することになります。こういったブラックホールは、質量が太陽の何十倍もあるような重い星の死、あるいは超新星爆発の際に生まれるといわれています。

このような思考実験で、ブラックホールの存在を予言した人物が、当時弱冠十九歳であった、インド生まれの天才理論家スブラマニアン・チャンドラセカールでした。彼は、イギリスへの渡航の最中、その船上でブラックホールの存在を証明してしまったのです。意気揚々と到着したイギリスで、彼は自分の大発見を学会で発表しました。

ところが、彼の発見は称賛されるどころか、当時の天文学会の重鎮であるエディントンに、ありえないほど激しく批判されてしまうのです。一説には、エディントンの星に関する理論を根本から葬りかねなかったことだけでなく、人種的偏見や、アーサー・エディントン自身の性格や精神的不安定性なども攻撃の理由だったとされています。

これからイギリスという新天地で、学者としてがんばっていこうとしていた矢先のことでしたから、チャンドラセカールは完膚《かんぷ》無きまでに打ちのめされ、精神的にも「ブラックホール」に落ち込んでしまい、彼のその後の人生に暗い影を落とします。ブラックホールの存在が証明され、彼の理論の正しさが認められたのは四十年後の一九六〇年代のこととなります。

この世とあの世の境

ブラックホールは、空間的には「特異点」です。特異点というのを説明するのは難しいのですが、ある数値をゼロで割ったような場所と思ってください。もちろん、ゼロで割ることはできませんが（答えは無限大になってしまうので）、ブラックホールでも、そんな状態なのです。

現代物理学でもブラックホールの中心で何が起きているのかを知ることはできません。現代物理学が適用できない場所だからです。

しかし、その周りについては、ある程度知ることができます。この特異点に質量が集中していますから、そこから離れれば離れるほど、重力が弱くなります。そして、最初に説明したようなブラックホールからの脱出速度は小さくなっていきます。ある一定の距離まで離れると、脱出速度が光速よりも小さくなります。そこで光が発せられれば、光が進む方向によっては、ブラックホールから脱出できるわけです。

逆にいえば、この限界の距離の内側からは、どんな光や情報も、どの方向であろうが、外側に出ていくことができません。この限界の距離がブラックホールの内側と外側との世界、つまりこの世とあの世を隔てる境界になります。これを「事象の地平線」と呼んでいます。

ブラックホールそのものは、特異点という点であるために、天体としての通常の大きさは定義できませんが、この事象の地平線の半径を決めることができます。事象の地平線の半径はブラックホールの質量が大きければ大きいほど、膨らんでいきます。太陽ほどの重さのブラックホールの場合は約三キロメートル。太陽の十倍ほどの重さのブラックホールでは約三十キロメートルとなります。

この事象の地平線の形は、特異点を中心とした球ですが、ブラックホールが自転しているとすると、いささか異なる形状となります。特異点が自転するのも妙なのですが、ブラックホールになる前の恒星が持っていた自転の運動が残されるのです。そのために、ブラックホールも自転している可能性が高く、事象の地平線の形も、球からほんの少し歪むのです。

ブラックホールが持ちうる物理量は、質量、回転（角運動量）、そして電荷の三つだけです。このことからよく「ブラックホールには毛が三本」と表現され、毛が三本しかないオバQのようなものなのです（ちょっとたとえが古いような気もしますが）。

この事象の地平線は、この世とあの世の境界にある三途の川のようなものです。一度わたったら最後、どんなにあがいても、この世に戻ってくることはできません。

そして、どんな観測をしようが、地平線の向こうからは情報がやってこないので、あの世をのぞき込むことはできません。まさに「黒い」のです。

ブラックホールの探し方

では、黒くて、見えないはずのブラックホールをどうやって探すのでしょうか。もちろん、直接見ることはできないものの、天文学者は様々な方法で、その存在の確証を得ています。

そのひとつは、ブラックホールに吸い込まれる物質が出す「最後の叫び声」を聞く方法です。

ブラックホールの周りに物質やガスがたくさんある場合、それらはブラックホールへと吸い込まれます。物質は、ブラックホールに近づくにつれ、押し合いへし合いしつつ、事象の地平線へと向かって、渦を巻きながら落ちていきます。

こうして、ブラックホールの周りには、落ち込んでいく物質が円盤となってぐるぐるまわっていると考えられています。ブラックホールに落ち込む前、円盤内の物質が様々な形で激しく衝突する時に、子どもたちがおしくらまんじゅうをして暖かくなるように、強力な電波やX線が発生するのです。

はくちょう座やさそり座にある、強いX線を出している天体が、一九七〇年代から、いくつも見つかってきました。詳細に調べてみると、その天体は別の星と連星をなしています。星のほうからの物質が、その天体に流入する時に、強力なX線が出ていたのです。

しかし、X線や電波だけではブラックホールと断定できません。他の間接的証拠が必要となります。X線や電波はブラックホールだけでなく、中性子星などへ物質が降着する時にも発せられるからです。ブラックホールであることを証明するには、その天体が強力な重力源であると同時に、その天体が存在すると思われるところに、星や天体が見えないこと、そして傍らにある星が勢いよく振りまわされている、すなわち周りの物質の公転速度が速い、という力学的な証拠が必要となります。

例えば、強力なX線天体であるはくちょう座X－1は、太陽の六～十倍程度の重さがあり、かつ（中性子星ならあるはずの）天体そのものからの情報が全くやってこないことなどから、ブラックホールであるとされています。日本のお家芸ともいえるX線観測衛星によって、かなりの数のブラックホールが発見されています。

では、連星になっていない単独のブラックホールはどうやって探すのでしょうか。ブラックホールはもともと強力な重力によって、傍らを通過する光をねじ曲げます。それがあたかも強力な光を集めるレンズのような働きをするので、これを「重力レンズ効果」と呼びます。

単独のブラックホールが星や星雲の前面を通過していくと、背後の星の像がいくつにも分かれたり、あるいは明るさが変わったり、星雲の形や明るさが変わることになります。非常に強力な重力レンズ効果の場合、例えば銀河団全体が引き起こすような場合には、背後の天体の光がリング状になったり、四つの像に分かれたりする事象が見つかっています。

しかし、いわゆる恒星質量レベルのブラックホールは、背後の恒星が分離するほどに光は折り曲げられず、単に背後の恒星が明るくなるだけになります。このレベルの重力レンズ効果を、「マイクロレンズ効果」と呼んでいます。

この明るさの変化を捉えれば、マイクロレンズ効果を起こした重力源の質量が推定できます。同じ空の領域を注意深く観察を続けた結果、変光星でもないのに突然明るさが上昇するというマイクロレンズ現象が、たくさん見つかってきています。オーストラリアでの観測結果では、明るさの変化が三年にも及ぶ例が発見され、質量が太陽の六倍程度のブラックホールと推定されました。これは、連星ではなく、孤立した単独のブラックホールの存在が確かめられた最初の例です。

ブラックホールの合体・成長

重い恒星の死に伴って生まれるような、恒星質量ブラックホールの存在が明らかになる一方で、銀河の中心にはとてつもない巨大ブラックホールがあると考えられるようになっています。

銀河の中心部は分厚いガスや塵の雲に阻まれ、なかなかその正体をつかめずにいたのですが、いまでは、多くの銀河の中心にブラックホールが確認されています。その質量も半端ではありません。太陽の何千万倍、何億倍、何十億倍といった巨大ブラックホールです。

さらに、それほど巨大ではありませんが、恒星質量ほど小さくもない、といった中間の質量を持つブラックホールも発見されてきました。ブラックホールに吸い込まれる物質の放つX線の観測から、星が爆発的に生まれている銀河内部に、太陽の四百六十倍ほどの質量のブラックホールが発見されています。ちなみに、これらはどちらも日本の天文学の成果です。

ブラックホールに物質が吸い込まれるほど、その質量は重くなっていきます。基本的には、ブラックホールは事象の地平線を越えて物質を放出しないので、成長する一方です（ただし、量子的なレベルでは光などを放射することが可能で、「ホーキング放射」などと呼ばれていますが、現実のブラックホールでは、ほとんど問題にならないほど小さいと思ってよいでしょう）。こうして、ブラックホールがどんどん重くなっていきます。

そういう意味では、ブラックホールはなくなることはありません。重くなっていく一方です。宇宙の最後はブラックホールだらけになってしまうでしょう。

ところで、東京都三鷹市の国立天文台裏門のそばに、かつてスナックができたことがありました。その名も「ブラックホール」。われわれの給与をどんどん吸い取ってしまおうというには適切な名前ではありました。ただ、こちらのブラックホールは、いつの間にか蒸発してしまいました。おそらく、われわれがあまり給与をつぎ込まなかった(あるいはそれほどの給与をもらっていなかった)せいで、成長できなかったのかもしれない、と思っています。

言の葉 十三

星

生命を創出したスター

月明かりのない夜空の主役は、なんといっても星です。街灯かりのない星空ならば、そこに無数の星々を目にすることができ、星座さえ結べないほどの星の数に圧倒されるはずです。そんな満天の星の様子から、「〇〇なんて、それこそ星の数ほどある」などと、圧倒的な数の多さをたとえるのに使われています。小さな花をたくさん咲かせるツツジの一種は、「満天星」という名前さえあるほどです。

ほとんどの星は、その位置や明るさを変えません。星の中には、言の葉七で紹介した惑星も混じっていますが、ほとんどの星は恒星、つまり位置を変えることのない「恒の星」です。このことから、永久に変化しないものの代名詞として、例えば「星のようにいつまでも変わらない愛」などとも使われたりします。ただ、星が永遠に変わらないように思うのは、人間の寿命の短さに起因しています。数千年、数万年を経ると、星座をつくる恒星の位置は変化するし、もっと長い時間で見ると、恒星の輝きさえ変わります。さらにいえば、人間と同じように、恒星にも一生があり、太陽もあと五十億年ほどの命です。宇宙に変わらないものはひとつもありません。

星の最大の特徴は輝きです。満天の星が見えない都会でも、晴れていれば明るい星の輝きを見つけることができます。大気の影響を受けて、それらの明るい星がきらきらと輝く様子は、スポットライトを浴びて活躍する俳優やタレントを連想させます。いわゆる「スター」です。地上のスターは文化的にも芸術的にも、様々な新しい価値観を生み出しているともいえますが、実は本物の星たちも、宇宙の中で多様な物質を生み出し、この宇宙を変えてきた主役です。

この「星」の役割にスポットを当ててみましょう。

星の輝きの秘密

恒星は太陽の仲間です。自ら光り輝き、そのエネルギーを宇宙へ放出しています。ただ、太陽以外の恒星は、ものすごく遠くにあります。地球からの距離は、太陽が一億五千万キロメートルほどであるのに対して、最も近い恒星ケンタウルス座アルファ星でさえ、約四十兆キロメートル。その差は二十六万倍にも達します。それでも夜空に存在をアピールできるほど光り輝いて見えます。

星はどうやって光っているのか。エネルギーを、どうやって生み出しているのか。その仕組みが解明されたのは二十世紀になってからでした。答えからいえば、「核融合」という方法です。核融合とは、原子核と原子核が融合、すなわちくっついて、別の原子になってしまうことです。

太陽を観測すると、その材料は圧倒的に水素とヘリウムです。表面の組成比は七十五パーセントは水素、二十三パーセントがヘリウムです。残りの元素は二パーセントしかありません。この水素とヘリウムを軽元素、残りのヘリウムよりも重い元素を一緒にして重元素と呼んでいます。軽い元素といっても、地球の大きさの三十三万倍もの質量を持つ巨大な天体です。したがって、重力も強く、その中心部は千五百万度、二千五百億気圧という高温・高圧です。角砂糖一個の重さが実に百五十グラムもあるほど、ぎゅう詰め状態です。

原子の中心にある原子核には、陽子が必ず含まれており、これはプラスの電荷です。電子は原子核の周りをまわっているのですが、おしくらまんじゅう状態ではするすると すり抜けて、すぐにどこかに行ってしまいます。原子核同士は、通常は近づけてもプラスとプラスなので反発し合って、くっつきません。しかし、太陽の中心部のように高

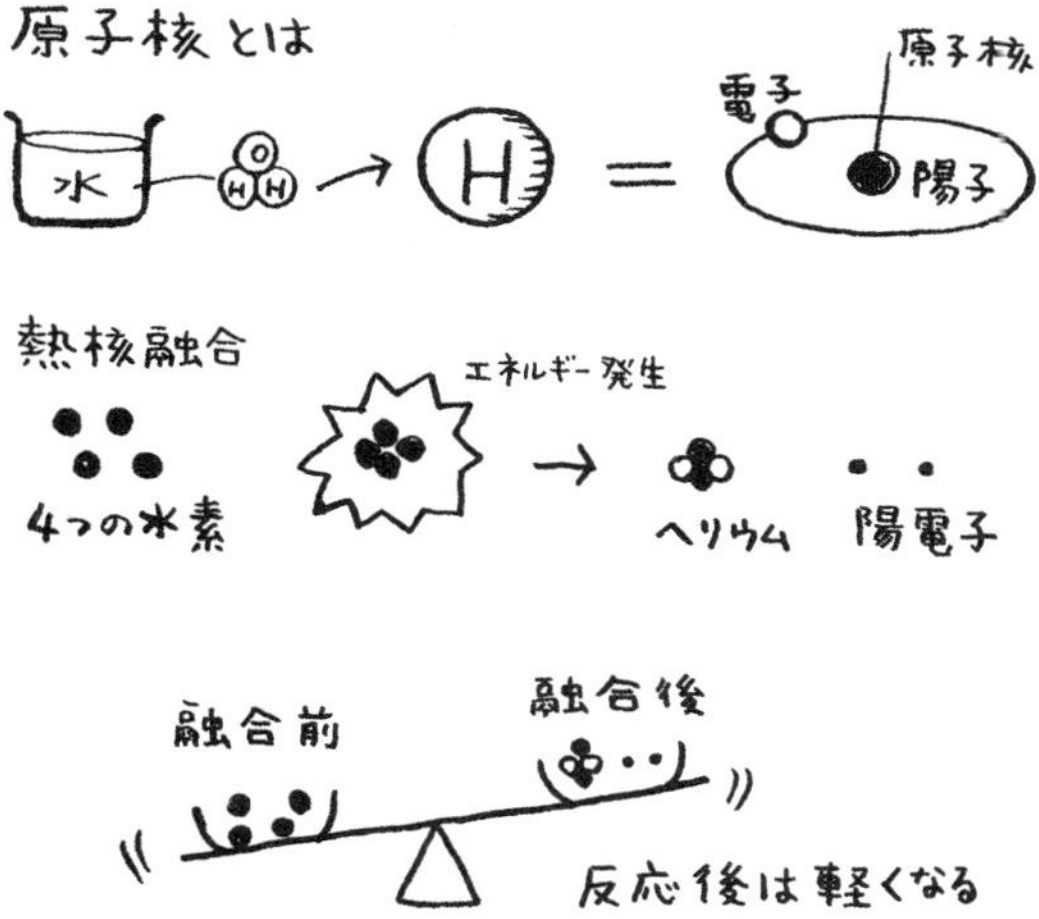

温・高圧で、ぎゅう詰めになっていると、原子核同士がくっついて、融合が起きてしまうのです。ふんだんにある水素と水素がくっついて、ヘリウムに変化します。これが太陽の中心部で起きている熱核融合です。

では融合した時に、なぜエネルギーが生じるのでしょうか。不思議なことに、融合前の材料の重さと、融合後の生成物の重さが異なっています。太陽の核融合では、四個の水素原子と中性子が一個のヘリウムに変わるのですが、ごくわずかに質量が減っています。これを「質量欠損」と呼びますが、その減った質量がエネルギーに変わります。有名なアルベルト・アインシュタインの式$E=mc^2$にしたがって、質量×光速の二乗という莫大なエネルギーとして放出され、それが太陽を高温の星として保っているわけです。

核融合の材料、つまり水素は有限なので、当然、この水素の核融合には寿命があり、あと五十億年程度とされています。太陽は、これまでほぼ四十六億年の間、水素を消費し続け、ヘリウムを増やしてきました。このヘリウムの原子核は陽子がふたつ含まれているので、原子核同士の反発力が水素よりも強くなります。したがって、現在の太陽の中心部では、ヘリウム原子が融合する反応は起こりません。しかし、ヘリウムは水素よりも重いので、やがてそれがたまってくると、中心核が重くなって、自分の重力でどんどん収縮して熱くなります。最終的に一億度を超えるようになると、三つのヘリウム原子核が合体・融合して炭素が生まれます。この時にも質量欠損が生じ、エネルギーを生み出すことになります。

夢のエネルギー源？

太陽で起きている核融合は、質量欠損をエネルギーに変え、その生成物もヘリウムという、ほぼ無害な物質です。水素は、そのあたりの水を電気分解すれば得られるので材料はふんだんにあります。エネルギーを取り出すのに、こんなにいい話はありません。ただ、残念ながら、これは太陽の中心で起きていることであって、人工的に実現するのは、そうそう簡単ではありません。

一瞬のうちに核融合を起こし、後はどうなってもいいというような、つまりコントロールしないという条件なら、すでに人類は核融合反応の技術を手にしています。いわゆる水素爆弾です。水爆に使う材料は、水素の中でも核融合を起こしやすい重水素という同位体（原子番号が同じで、原子量が違う関係にある元素）なのですが、高温・高圧の環境をつくり出し、重水素と適切な反応物を混ぜたものを核融合させて、莫大なエネルギーを得るのです。このエネルギーによって、瞬間的にすべてが吹き飛ばされるので、高温・高圧をある程度維持していた水爆の容器も粉々になり、核融合はあっという間に終了します。一方、太陽の中心では、重力によって高温・高圧が常に保たれているので、水爆のようなことにはならずに、安定的にエネルギーが供給されているのです。

太陽のような状況を人工的につくり出し、安定的に核融合を継続させ、エネルギーを取り出せないだろうか。これまで世界中の研究者が、その夢に挑戦してきました。日本でも岐阜県土岐《とき》市にある「自然科学研究機構核融合科学研究所」が、磁場によって核融合を閉じ込めるという方式で、すでに太陽中心の温度条件は達成し、材料を数十分間ほど閉じ込めておくことには成功しています。ただ、核融合から持続的にエネルギーを取り出すには至っておらず、国際共同プロジェクトとして「イーター計画（核融合を実現するための国際共同計画。フランス・カダラッシュに建設中です）」の成否に今後が託されています。

核融合と正反対のエネルギーの取り出し方をしているのが核分裂です。こちらは、材料を特殊な条件に置くことで、高温・高圧を必要としないため、すでにわれわれは実用化しています。これが原子力発電です。

核分裂も、質量欠損がエネルギーに変化しているのは、核融合と同じです。核融合は、どんどん進むと最終生成物は鉄となります。鉄を、それ以上融合させようとすると、逆にエネルギーを注入する必要があります。

それ以上、融合を進ませるには、質量欠損とは逆に、質量が増えてしまうからです。

そうなると、核融合ではなく、核分裂をさせて、別の原子にしたほうが、質量欠損が生まれ、エネルギーが発生することになります。

したがって、核分裂でエネルギーを得られるのは、鉄よりも原子量が重い元素に限られます。中でも、ウランは中性子を当てると、バリウムとクリプトンという元素に分裂し、その際に質量欠損が生じて、エネルギーが生まれます。それが連鎖反応を引き起こすので、うまい制御が必要でありますが、それも実用化されています。

しかし、それを超える大きな欠点があります。生成物が、人間にとって有害な放射線を出す物質となってしまい、しかも放射能の減衰が場合によっては百万年単位であることです。福島第一原発事故で大気中に放出された放射性のヨウ素やセシウムなどは、減衰は数十年単位です。いずれにしても生み出される廃棄物の集中度と危険性は、大変なものです。人類は、こうした濃度の高い廃棄物をつくり出してしまって、始末に困っているわけです。残念ながら、私たちは、宇宙にはそれほどありえないような物質を、大量につくり出してしまったのです。

宇宙の元素の製造工場

話を星に戻しましょう。核融合を行って、星は水素からヘリウムへ、ヘリウムから炭素へと重い元素を生み出していきます。星の質量によっては、生まれた炭素が核融合反応を起こし、さらに重い元素へと変化していきます。いわば「天然の核融合炉」として、次々と元素をつくり出します。

一方、炭素が核融合を起こすような重い星では、さらにネオン、酸素、ケイ素などが生まれ、最終的に中心部に核融合の限界生成物である鉄が生まれます。中心での核融合反応は、鉄で終了します。こうした星は、内側から鉄の核、ケイ素、酸素、ネオン、炭素とたまねぎのように球殻が続き、ヘリウムの層の外側に融合されなかった水素の最外層があるような状況となります。その各層でそれぞれの核融合が続いていくのです。

やがて、鉄がぎっしりと詰まった星の中心部は、その重みに耐えきれず、つぶれてしまいます。星全体が中心部に一気に落ち込もうとするのですが、急激に圧縮されないので、逆に一気に全体が大爆発を起こします。これが超新星爆発であり、言の葉九でも紹介した現象です。この時の爆発の輝きは、星千億個分に相当することもあります。

超新星爆発は、星の最期としては派手なタイプですが、大事な役割があります。鉄よりも重い元素を一気に生み出すことです。

大爆発のエネルギーによって、鉄よりも重い元素、われわれが大事にしている金や銀、白金などの貴金属、最近話題のレアメタル、そして核分裂でエネルギーを取り出すウランなどが生まれるのです。逆にいえば、化学の周期表で、鉄よりも右あるいは下の列の元素（原子番号が二十七以上のもの。コバルト、ニッケル、銅、そして金や銀などを含む、現在見つかっている元素百十八のうち、九十二種類）は、この時にしか生まれません。鉄より重い元素を生み出すメカニズムは、超新星爆発以外にはありません。

ウランは、この時の超新星爆発のエネルギーを吸い取って生まれた元素といえるでしょう。われわれは、このウランという物質を通じて、いわば超新星爆発のエネルギーを核分裂で取り出すことで、電気を生み出していたのです。あなたやあなたの周囲の人が身につけているアクセサリーの金や銀を眺めてください。それらもすべて、遠い過去の超新星爆発が生み出した、星のかけらなのです。

その意味では、星は、生きている間に、核融合によって鉄までの元素を宇宙に供給し、超新星爆発で死ぬ時に、鉄よりも重い元素をつくり出し、ばらまいています。いわば宇宙の中での元素の製造工場なのです。星は、水素とヘリウムしかなかった、「モノトーン」の宇宙を、多様な元素を生み出すことで、極めてバリエーションに富んだ世界に変えてきた、ということができるでしょう。

さらにいえば、われわれ生命も星のかけらといえるでしょう。体をつくっている物質のうち、水に含まれる水素を除けば、アミノ酸の主要構成物である炭素、酸素、窒素は星の核融合で生まれた物質です。

地球が生まれるずっと以前、この宇宙のどこかの星々でつくり出された物質が、その星の死に際して宇宙に拡散しました。それらが水素ガス雲の中に取り込まれ、四十六億年前に太陽が生まれる時、その周りに集まって、地球をはじめとする惑星をつくる材料となりました。たまたま地球は太陽から適切な距離だったために、表面には海が生まれ、その中で星のかけらたちが合成され、生命を作り出したのです。

生命も、ひとりひとりが星のかけらそのものでできている、〝スター〟なのです。

言の葉 十四

ビッグバン

眠れなくなる永遠のロマン

宇宙は、約百三十七億年前に、ビッグバン（big bang）ではじまったとされています。ビッグバンは宇宙のはじめを示す言葉として知名度を上げていき、そのために、「何か新しいことがはじまる、あるいははじめる」時に、その内容を表す別の言葉と組み合わせて用いられるようになっています。

ビッグバンという言葉が生み出されたのは、イギリスです。そのイギリスで、一九八六年に行われたロンドン証券取引所の証券制度改革を「ビッグバン」と呼んだのが、経済界で用いられるようになったきっかけのようです。

後に、十年ほど前に日本で大規模な規制緩和を伴う金融制度改革が行われましたが、これも「金融ビッグバン」と名付けられています。同様に、いままでは「農業ビッグバン」など、他の分野でも使われはじめました。

大阪府の堺市にある児童館の名前にもなっています。児童館として、子どもたちが膨張する宇宙のように大きく育つきっかけを持ってもらおうという意図なのだとすれば、とてもよいネーミングだと思います。

膨張する現在の宇宙

ビッグバンで宇宙がはじまったといわれても、なかなか実感は湧きません。私たちが地球上に暮らしていて、星空を眺めていても、季節変化や惑星の動きなど、すべてが周期的で、それが未来永劫《えいごう》に続くように感じるからです。そのために、宇宙にはじまりがあったという説は、二十世紀の半ば頃まで、科学者でさえなかなか信用しませんでした。しかし、現在の宇宙をいろいろ調べてみると、はじまりがあったという証拠が見つかります。代表的な証拠が「宇宙膨張」です。

遠くの「銀河」と呼ばれる天体を眺めると、地球からの距離に比例したスピードで、私たちから遠ざかっていることがわかります。

これは、アメリカの宇宙望遠鏡の名前にもなっている天文学者エドウィン・ハッブルが発見した事実です。ハッブルは、いくつかの銀河に、距離の指標となる変光星を見いだし、その距離を決めていきました。同時に、その銀河からやってくる光を虹のように七色に分け、その色ごとの光の強さを調べてみました。すると、光の波長が地上の実験室のものよりもわずかに赤色側にずれていることがわかりました。これは「光のドップラー効果」と呼ばれる現象です。
皆さんも、パトカーがサイレンを鳴らしながら走っている時、自分に近づいてくるか、遠ざかっていくかで、その音色が異なることを体験していることでしょう。同じことは光でも起きるのです。ハッブルは、こうして銀河が遠ざかるスピードが、私たちからの距離に比例していることを発見し、現在では、これを「ハッブルの法則」と呼んでいます。

これは当時としては衝撃的な発見でした。というのも、この発見によって、宇宙空間そのものが膨張していると考えざるを得なくなったからです。私たちが宇宙の中心にいるのではないのです。空間全体が膨張しているために、どの銀河から見ても、他の銀河が遠ざかっているように見えるはずです。これは、ある程度膨らませた風船の上に複数の点をうち、さらにそれを膨らませるとお互いの点の距離が離れていくことにしばしばたとえられます。その時、風船の表面には、どこにも中心がありません。同じように三次元空間の膨張にも中心がないのです。

この発見がどれほど衝撃的であったかは、アインシュタインの有名な言葉に代表されるでしょう。アインシュタインを含む多くの科学者は、それまでは宇宙ははじまりも終わりもなく、平衡を保つ、いわば静かな宇宙というイメージを抱いていました。アインシュタインは、ハッブルの発見前、すでに一般相対性理論から、宇宙全体を考える方程式を導いていました。

ところが、この方程式をまともに解くと、宇宙は膨張しているか、収縮しているかのどちらかになってしまうことに気づきました。そこで、彼は宇宙を静止させるため、本来は必要がない「宇宙項」というものを意図的に方程式の中に付け加えてしまいました。宇宙項が何かを説明するのは難しいのですが、要するにマイナスになったり、プラスになったりする答えが、ちょうどゼロになるように、式の中に付け加えたものと思っていただければいいでしょう。

この宇宙項によって、式の答えは膨張（プラス）も収縮（マイナス）もしない静止（ゼロ）した宇宙が実現するのです。後に、ハッブルの発見を知ったアインシュタインは、この宇宙項を付け加えた自らの操作について、「人生最大の過ち」と述べたほどです。

ハッブルの発見は、現在の宇宙が膨張を続けているという事実を強く示唆するもので、一挙に静かな宇宙というイメージを変えてしまいました。膨張しているということは、時間を戻していけば、宇宙はどんどん小さくなり、その体積がゼロになる瞬間が存在することも示しています。その時点が宇宙のはじまりということになります。宇宙には、はじまりがあったのです。

熱かった宇宙の証拠

「宇宙のすべてが、最初は無限小の空間からはじまった」

そんな膨張宇宙論が誕生しても、なかなか感覚的には信じられないところもありました。実際、銀河が遠ざかって見えるのは、単に見かけ上のものではないか、とも考えられていました。光も長い間、宇宙空間を旅していると、エネルギーを失い、波長が長くなるのではないか、などという、まことしやかな説もあったし、何より発見者であるハッブル自身が、膨張する宇宙には最後まで懐疑的で、別の説明を求めていた節がありました。

宇宙にはじまりがあり、無限小まで遡れるとすると、その小さな空間に閉じ込められるエネルギーは莫大なものとなります。いま宇宙に見えている星や星雲や銀河が、すべてそんな小さな空間に押し込められるのでしょうか。

もし、そんなことが可能だとすると、考えられないほどの高温・高圧状態の巨大な火の玉になるはずです。おしくらまんじゅうすると、人だけでなく物質も熱くなるからです。とすれば、この宇宙は、最初はこうした火の玉が爆発的に膨張していき、やがて冷えていったと考えられます。小さな空間に閉じ込められた熱い物質が、急激に膨張するのは、地球上での爆発も同じです。この爆発的膨張がビッグバンと呼ばれた所以《ゆえん》です。

このビッグバンという言葉ですが、もともとビッグバン理論を提唱していた人たちが使っていた言葉ではありません。宇宙にはじまりがあったというアイデアをあくまで拒否し、物質が湧き出していく「定常宇宙」を主張し続けていたイギリスのフレッド・ホイルという天文学者が、ＢＢＣのラジオ番組で、「This “big bang” idea.」と、まるで吐き捨てるかのように呼んだのがはじまりといわれています。皮肉なことですね。

ビッグバンの考え方が本当なら、宇宙の遠方を眺めれば、ビッグバンの余熱が見えるはずです。光の速度は有限なので、遠くを見れば見るほど過去が見えるからです。月は一・三秒前の姿だし、太陽は八分前の光。七夕の彦星は十七年前、織り姫星は二十五年前、アンドロメダ大銀河は二百三十万年前の姿です。

したがって、遠くの銀河を見れば、それはその距離の分だけ過去の姿を見ていることになり、それを延長していけば、どこかで宇宙のはじめの頃の姿を眺められることになります。宇宙初期には星などの天体は生まれていないでしょうが、熱い火の玉からのエネルギーが放射されているはずです。

一定の温度を持つ物体からは、その温度に応じた電磁波が放射されています。これは「黒体放射」と呼ばれています。例えば、太陽は表面温度が約六千度という高温なので、可視光線だけでなく、紫外線や赤外線も放たれています。

宇宙のはじめの頃は、さらに高温だったはずなのですが、宇宙が膨張するにつれ、この熱は冷えていき、可視光線や赤外線よりも低温となって、電波領域で見つかると予想されていました。この火の玉宇宙の余熱電波が捉えられたのは、一九六五年。アメリカ・ベル研究所のアーノ・ペンジアスとロバート・W・ウィルソンによって、絶対温度で約三度のマイクロ波の電波として、偶然発見されたのです。この電波は、いまでは「宇宙背景放射」と呼ばれています。

宇宙背景放射は、宇宙誕生から約三十八万年後の宇宙からの放射です。それよりも以前は、宇宙が素粒子に満ちていて、その空間密度が高いために、光が電子に衝突して直進できません。

まるで霧の中のように見通せないのです。三十八万年経過すると、宇宙の温度が約三千度まで下がり、電子は陽子と結合して水素原子になり、光の直進を邪魔しなくなります。こうして、宇宙は見通しがよくなりました。これを「宇宙の晴れ上がり」と呼んでいます。

単純ではなかったビッグバン

宇宙背景放射の発見により、ビッグバン宇宙論はほぼ証明され、宇宙にははじまりが

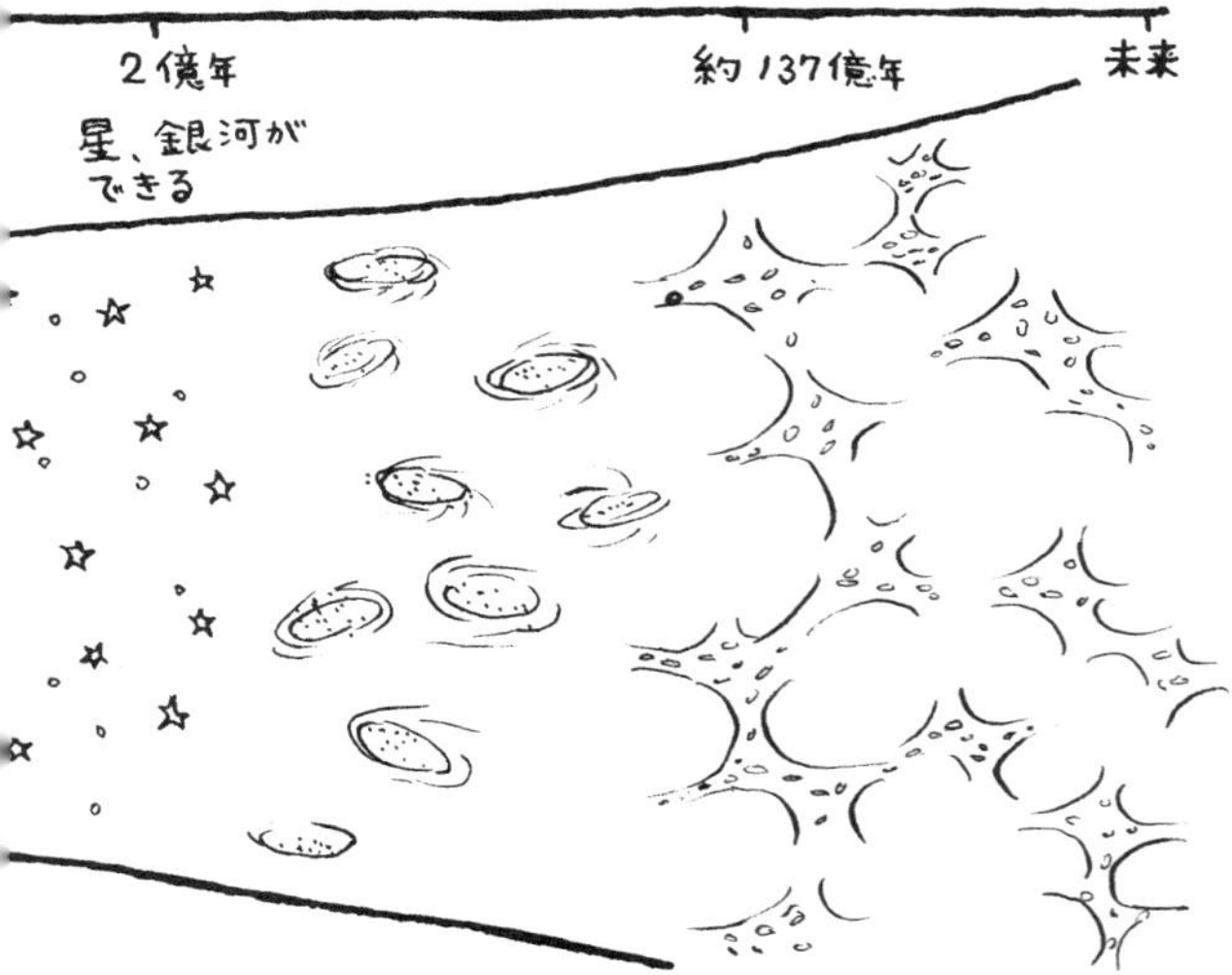

あったこと、火の玉宇宙から膨張してきたことなどがわかってきました。しかし、別の難しい問題も浮かび上がってきました。意外かもしれませんが、それは宇宙背景放射が、一様だったという事実にあります。

　一様なのは当然ではないか、と思われるかもしれませんが、上から来る宇宙背景放射と下から来る宇宙背景放射が同じなのは、実は不思議なことです。というのも、上と下は宇宙開闢《かいびゃく》以来、何らの情報交換も行っていないはずだからです。光の速度は有限なので、背景放射の主たる電磁波も有限の速度を持ちます。有限であるからには、到達できる距離は決まっています。

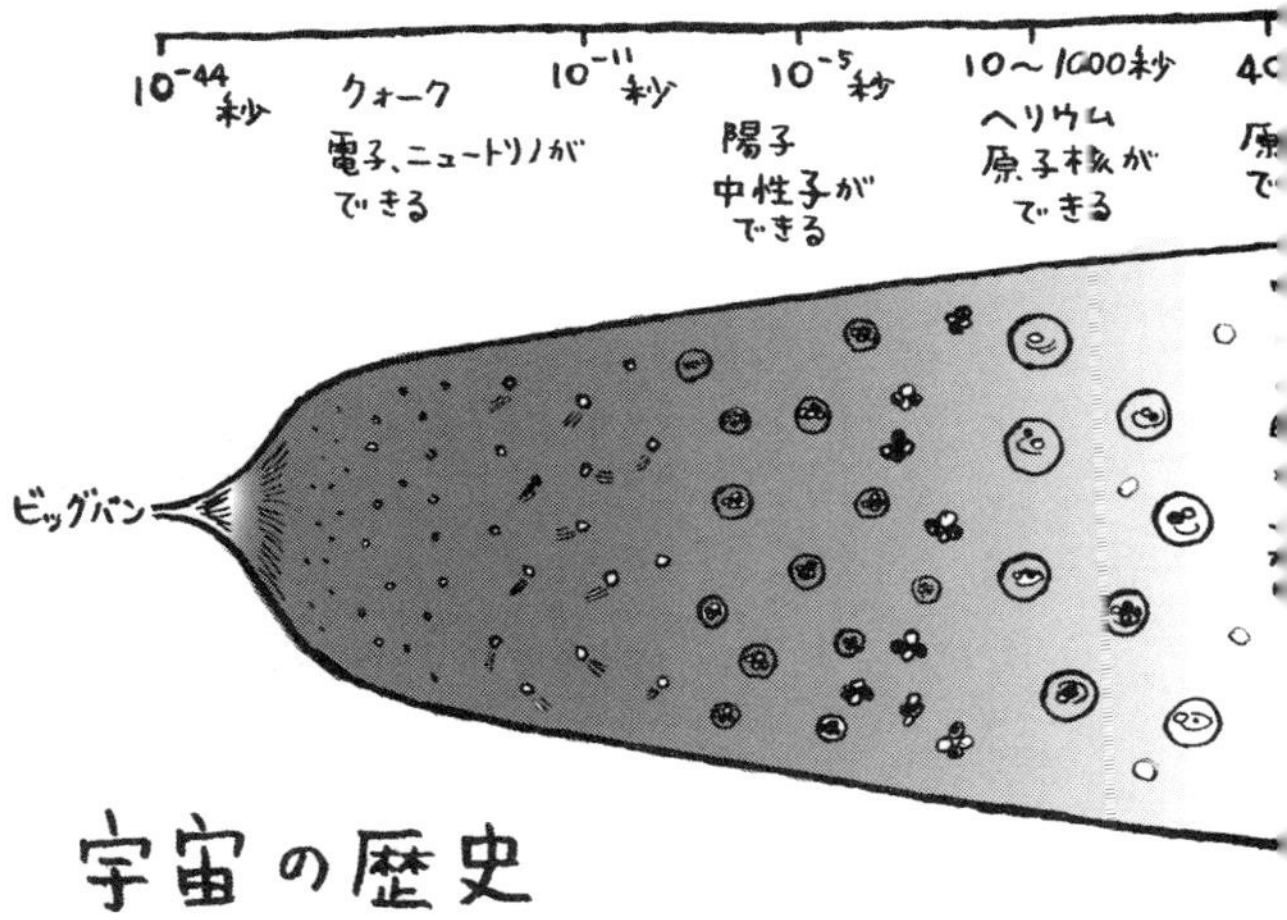

したがって、背景放射は放射された時期、つまり三十八万年経過時で、相互に到達できる距離が決まっています。上と下の領域はまじり合っていないはずなのです。いわば光が到達できる「地平線」を越えて、一度も因果関係を持ったことのない領域からの背景放射の値がほとんど一致しているのは謎なのです。これがビッグバン宇宙論における、最大の謎のひとつ、「地平線問題」です。

もうひとつが宇宙の「平坦性問題」です。宇宙は、縦横高さの空間三次元に加えて、時間を含めると四次元で表現されますが、その中で「曲率」というものが定義できます。例えば、日常生活では線路や道路のカーブの曲がり具合のきつさを、「曲率」というもので表しています。さらには風船の表面や中華鍋の底の曲がり具合など、曲面の曲がり具合も曲率で表せます。つまり、曲率は三次元空間における二次元の面の曲がり具合ということになります。これと全く同じように、四次元空間である宇宙において、時間を抜いた三次元空間の曲率というものも定義できるのです。この曲率が、宇宙はほとんどゼロ、つまり平坦であることがわかっていて、非常に不自然なことなのです。

これらの問題を一挙に解決するのが、宇宙は誕生直後から、十の三十四乗分の一秒の間に、数十桁も大きくなる猛烈な加速膨張を起こしたという理論で、日本の佐藤勝彦氏とアメリカのアラン・グースが一九八一年にそれぞれ提唱しました。これは「インフレーション理論」と呼ばれています。面白いことに、こちらは経済用語から天文学に転用された言葉です。急激なインフレーションは、初期の宇宙において、宇宙に曲率が現れる暇を与えず、また物質の濃淡が生まれる暇もなく、地平線を越えた一様な宇宙が生まれるわけです。いまでは、このインフレーション理論を含めたモデルが、標準的なビッグバン宇宙モデルとなっています。

宇宙の終わり

はじまりがあるなら、終わりもあるはずです。最初のビッグバンの勢いだけで現在まで膨張しているなら、どこかで止まって反転し、収縮することもありえます。もしこの宇宙に物質がたくさんあって、最後は重力が打ち勝って収縮に転じる場合は、先ほどの宇宙の曲率は負になり、収縮に転じた宇宙は無限小にまで小さくなって終わります。これを「ビッグクランチ」と呼んでいます。

しかし、私たちの宇宙は、曲率は平坦で、永遠に膨張を続けることがわかっています。それどころか、最近の観測によれば、この膨張は現在、再び加速しつつあるらしいのです。これを「第二のインフレーション」と呼ぶことがあります。この原因は、斥力《せきりょく》（引力とは反対に、お互いに反発して遠ざかろうとする力）を及ぼす暗黒エネルギーであるとされています。

前述の宇宙背景放射を詳しく調べることで、いろいろなことがわかってきます。その解析から、この宇宙を構成しているのは、物質が約四パーセントで、残りは未知の暗黒物質と暗黒エネルギーで構成されていることが判明しています。暗黒エネルギーは七十三パーセントに達し、その斥力のせいで、宇宙は収縮に転じない。どうやら、われわれの宇宙に終わりはないようです。

ところで、ここまで来るとビッグバンの前はどうだったか、気になるでしょう。講演会でも、よく質問されるのですが、実は、これは質問そのものが矛盾しています。宇宙というのは時間をも生み出したからです（古い中国語でも、「宇」は空間、「宙」は時間です）。つまり時間そのものがビッグバンとともにはじまったので、「時間」がはじまる前は、時間そのものが存在しない。ゆえに「宇宙がはじまる前」というのが定義できないのです。

言の葉 十五

太陽

天文学は天の文学

東日本大震災での被災地支援の一環として、「星と宇宙の日」というイベント企画にお誘いを受け、福島県いわき市に行ったことがありました。国立天文台、宇宙航空研究開発機構（ＪＡＸＡ）や会津大学など、宇宙関連機関から担当者が集まり、ロケット実験や、講演会、映画上映会などを行いました。

夕方には、地元の天文同好会の協力を得て、観望会も開催され、偶然通りかかった国際宇宙ステーションも見えて、参加者は大喜びでした。

この企画で、私の担当は詩をつくるワークショップで話をすること、質問コーナーで宇宙に関する質問に答えることでした。なんで詩なの？　と思われるかもしれませんが、私はＪＡＸＡ主催の「宇宙連詩」という企画に関わっているからなのです。

天文学は天の文学とも読める、という私の主張にマッチした企画なので、当初から協力させていただいてきましたが、幸いなことに、二〇一一年の「藤村《とうそん》記念歴程賞」を受賞しました。

ワークショップでは、宇宙や地球も含めて「ふるさと」というテーマで詩を綴ってもらいましたが、その作品の数々は素晴らしいものでした。被災された方々の、心の底から湧き上がる想いが言霊になって表現され、重厚感に溢れるものでした。作品は、すべて宇宙ステーションへ運ばれることになっているので、重い想いも、無重力状態のステーションに運ばれれば、作者の方々の心も少し軽くなるはずと信じています。

この詩のワークショップの後に質問コーナーに移りましたが、そこでひとりのJAXAのスタッフの青年に出会いました。

その青年は、散漫になりがちな子どもたちの注意を引きつけながら、クイズをまじえて宇宙の世界へとリードしていきます。参加者の緊張した雰囲気をすぐに読み取り、適切に対応しながら、その場を明るく、楽しく過ごせるムードに変えていくのは、実に見事でした。

名刺交換すると、その名前がよかった。なんと「太陽」さんだったのです。ご両親は、太陽のように明るく育つことを祈られたのでしょうが、本人だけでなく、周りを明るくしているのは名前の通りだなぁ、と思って感心した次第です。

太陽は、言葉としては、極めて明るいものを、あるいは希望などを象徴する意味で用いられることが多いものです。母親のような包容力をニュアンスとして内包しているということでしょう。

太陽系のストーブ

天体としての太陽は、地球を、私たちが住むことのできる青い惑星にしてくれている命の源です。地球は、内部エネルギーをそれほど持ちません。温泉や火山、地熱といった、地球内部からしみ出てくる熱はありますが、太陽から受けるエネルギーに比べればごくわずかで、数千分の一といわれています。

したがって、私たちの地球が暖かいのは、ひとえに太陽のおかげなのです。太陽からやってくる光によって、地球は温められます。これは、日なたにいると暖かく、日陰にはいると涼しくなるので、皆さんも経験しているでしょう。太陽は「太陽系のストーブ」なのです。

私の中学・高校時代、教室の暖房といえばだるまストーブでした。冬の寒い日、このストーブから自分の席までの距離が暖かさを決めていました。ストーブに近ければ暖かく、遠いと寒い。これを熱帯、温帯、寒帯とに分けて呼んでいたほどです。ちなみに私は体が大きいので、常に教室の後方、寒帯を通り越した極地方に座っていたのでいつも寒い思いをしていました。

当然、太陽からの光を受け取る量は、太陽に近ければ近いほど多いので、かつての私の教室と同じように、太陽に近いほど暑く、遠ければ寒くなります。地球は、水が液体になるちょうどよい場所にあります。地球よりも太陽に近い金星では、その表面温度は五百度近く、暑すぎて水は蒸発してしまっています。

一方、地球の外側をまわる火星では、表面の平均温度がマイナス五十度程度と、寒すぎて水はすべて氷になってしまいます。つまり、ちょうど地球付近では、水が融ける温度環境となっているのです。こういった領域を「ハビタブルゾーン（生命居住可能領域）」と呼んでいます。

地球は太陽系のハビタブルゾーンにあるため、命を育む「水の惑星」になっているのです。

暗かった昔の太陽

ストーブは、燃料であるコークスや石炭がとぎれると、途端に温度が下がっていきます。すると教室全体が寒くなってくるので、いそいで追加燃料をくべなくてはなりません。星の中には、こうやって暑くなったり寒くなったりを繰り返す種類があり、変光星と呼ばれていますが、幸いなことに太陽は極めて安定しています。そのため、現在の地球は安定した気候環境を維持できているといえます。

しかしながら、歴史的にはそうではなかったことがわかっています。ストーブたる太陽の明るさは、億年という単位では、少しずつ増してきました。いまから四十六億年前、太陽系誕生の頃には、現在の八割程度の輝きしかなかったといわれています。そうなると、地球も現在よりも寒いのが当たり前です。

そして、最近の研究でさらに驚くべきことがわかってきました。どうやら、地球はその表面の水をすべて凍らせてしまうほどの酷寒時代を体験してきたらしいのです。

こうした全地球氷結は、「スノーボール・アース」現象と呼ばれています。これは、われわれがいままで考えてきた氷河期とは、全くスケールの異なる気候変動といえるでしょう。

なにしろ、全地球平均気温にマイナス四十度。二十五億年前から五億年前の期間にかけて、このスノーボール・アース現象は何度か起きたとされています。いまでも木星の衛星などは、太陽から遠くて、その表面はすべて氷で覆われていますが、地球もそんな状態だったのです。

全地球氷結という状態になると、それで安定してしまう性質があります。現在の地球でも、寒冷な極地方では水が凍って、極冠《きょくかん》を形成しています。極冠は真っ白に輝いているために、せっかく受け取った太陽の光を宇宙空間へ反射してしまいます。だから、なんらかの原因で地球全体が寒冷化しはじめ、極冠が広がりはじめると、太陽から受け取る熱量はどんどん減少します。すると地球は冷えます。そして氷がさらに拡大するという悪循環に陥ります。

じわじわと面積を拡大した極冠がある程度まで発達すると、急速にスノーボール・アースが実現し、すべての海の表面が凍ってしまうのです。いったん、スノーボール・アースになってしまうと、ちょっとやそっとでは抜け出すことができません。

この状態を抜け出す要因となったのは、二酸化炭素などの温室効果ガスです。海があれば、大気中の二酸化炭素は、その増加分をじわじわと吸収していくことでバランスがとれます。しかし、スノーボール・アースでは、海の表面が凍結しているため、この吸収が効きません。

一方、二酸化炭素の供給源としての火山活動は続いているので、大気中の二酸化炭素は増加する一方となります。こうして、数百万年で大気成分の約一割が二酸化炭素となった段階で、温室効果のために表面が高温になり、ある段階で海の氷が一気に融解し、スノーボール・アースが終了します。その後の全地球平均の表面温度は、逆にプラス六十度の酷暑となるのです。スノーボール・アースとなって、温暖な地球に戻るまでの時間は、数百万年から一千万年といわれています。

現在の太陽活動

現在の太陽の光量は、スノーボール・アース現象が起きた時代に比べて一～二割増加しているので、再び地球全体が凍結する可能性は低いので安心してください。多少の気候変動はあったとしても、平均的には温暖で安定な時期と思われており、せいぜい氷河期が来る程度でしょう。

しかし、現在の人類にとっては、小さな氷河期でもかなり大変なので、そこは心配する必要があるでしょう。長期的には太陽は極めて安定しているのですが、短い時間、つまりわれわれ人類の歴史程度の時間スケールでは、そこそこ変動しています。

太陽では、その表面に「黒点」と呼ばれる磁場の強い領域ができたり、そこで「フレア」と呼ばれる爆発が起こり、大量の放射線や高エネルギー粒子が地球に降り注いだりします。それらはオーロラなどの素晴らしい現象も見せてくれるのですが、大規模なものになると、誘導電流を引き起こして、送電線を焼き切り、停電を引き起こしたりする可能性があります。一九八九年に起こったカナダ・アメリカ東海岸の大停電は、大規模な太陽フレアが原因です。

このような太陽活動は、ほぼ十一年ごとの周期で繰り返しています。十一年ごとに太陽活動が活発になり、黒点や太陽フレアが増えたりするのですが、不思議なことに太陽の明るさは大きく変化するわけではありません。

しかし、この周期性も崩れることがあります。十七世紀半ばから十八世紀はじめの約七十年間にわたって、太陽黒点がほとんど現れない状態が続きました。これを研究者の名前をとって、「マウンダー極小期」と呼んでいます。

時期を同じくして、地球は小規模な氷河期となり、ヨーロッパや北米を中心に厳しい寒さが続きました。この両者は関係があると推測されてきましたが、太陽活動が低下しても、その太陽の光量はほとんど変化しないので、これまで関係性はそれほど明らかではなかったのです。

ところが、最近の研究で、直接的な因果関係ではなく、間接的なものであることがわかりつつあります。太陽からは常に電気的な風である、太陽風が吹き続けています。太陽風は、惑星間を吹き抜け、地球と太陽の距離の百倍程度あたりで、星間空間に吹いている銀河風とせめぎ合います。ここまでが太陽の勢力範囲で、「太陽圏」と呼んでいます。太陽活動が活発になると、太陽風が強くなって、太陽圏は銀河風を押しやって広がります。太陽活動が弱くなると太陽圏は小さくなります。

星間空間には高エネルギー粒子である宇宙線がやたらと飛び交っているのですが、これらは太陽圏の中にはいり込みにくいのです。太陽圏が広がれば、はいり込む宇宙線がさらに少なくなり、地球にまでやってくる宇宙線が減少します。太陽圏が小さくなると、地球にまで到達する宇宙線は増えます。

この宇宙線が大気中で雲をつくる引き金を引いています。宇宙線を見る実験に霧箱《きりばこ》というのがあり、過飽和の水蒸気中に宇宙線が飛び込むと、その軌跡に沿って液滴ができて、宇宙線が可視化されます。同様に、地球では宇宙線が多いと雲が多くできて、太陽光を反射するので、結果的に地球の気温が下がります。したがって、太陽活動が静かな状態が続くと地球は冷える、ということになります。

前述のマウンダー極小期の直前には、太陽の活動周期が十一年より長い、十三年ほどになった時期が存在したことがわかっています。現在、太陽活動が活発になりつつありますが、今回の周期は十三年に伸びており、太陽がいつものように活発ではないので、これから長期的に太陽は静かになるのではないか、という研究者もいます。

地球温暖化の問題では、こういった最新の成果による太陽活動の影響は全く考慮されていません。二酸化炭素のこれまでの増加量は、過去の数十億年の変動量からすればとるに足らないものですが、時間的な変化は急激なので、注意するに越したことはありません。しかし、太陽活動の影響を考慮しないで、現在の温暖化の予測をそのまま信じている天文学者は少ないのも事実です。いずれにしろ、今後の太陽活動からは目が離せない状況です。

太陽の未来

さらに長い天文学的スケールでいえば、太陽の未来は予見できます。

太陽の寿命は約百億年であり、すでに四十六億年ほど輝き続けているので、あと約五十億年もすると、太陽は不安定となります。もともと半径七十万キロメートルと大きな天体ですが、老齢になると恒星はどんどん膨らみます。

同時に表面温度は低くなっていきますが、それでも三千度はあるでしょう。膨らんだ太陽の表面に水星、金星の順に飲み込まれていきます。太陽からの地球が受け取る熱量は、太陽が膨らむと同時に増加するので、地球の温度は上昇し、やがて大気も水も蒸発しきって、すべて宇宙空間へ逃げ出してしまいます。

大気をはぎ取られた地球表面は、岩石だけの不思議な惑星となり、次第に迫る太陽の表面の熱で融かされ、やがてその中へと飲み込まれ、蒸発してしまうでしょう（ただし、太陽が膨らんでいく時期には、太陽そのものの質量が減ってしまうので、地球の軌道は広がっていき、飲み込まれないのではないかという研究者もいます）。

いずれにしろ、太陽が死ぬのはいまから約五十億年先だから、われわれ人類は心配する必要はないといえます。むしろ、それが心配になるほど、人類の文明が持続してほしいものではありますが。

本書は、月刊『本の窓』（小学館刊）二〇一〇年七月号〜二〇一一年十二月号まで連載した「宇宙の言の葉」に改稿を施したものです。

渡部潤一

わたなべ・じゅんいち
天文学者、国立天文台副台長・教授。一九六〇年福島県会津若松市生まれ。東京大学理学部卒業後、国立天文台助手、総合研究大学院大学助手併任、国立天文台広報普及室長などを経て現職。専門は太陽系の小さな天体（彗星、小惑星、流星など）。二〇〇六年、国際天文学連合「惑星定義委員会」の委員として、冥王星を準惑星と決定した。著書に『夜空からはじまる天文学入門』『ガリレオがひらいた宇宙のとびら』『新しい太陽系』『最新・月の科学』『太陽系・惑星科学』など多数。

小学館101新書 148

面白いほど宇宙がわかる15の言の葉

二〇一二年十月六日　初版第一刷発行

著者　渡部潤一
発行者　蔵　敏則
発行所　株式会社小学館
〒一〇一―八〇〇一　東京都千代田区一ツ橋二―三―一
電話　編集：〇三―三二三〇―五一三二
販売：〇三―五二八一―三五五五

装幀　おおうちおさむ
印刷・製本　中央精版印刷株式会社

Printed in Japan　ISBN 978-4-09-825148-3